# 台所コスメ
## ― 捨てない贅沢 2

アズマカナコ

けやき出版

# もくじ

本書の使い方 …………………… 4

はじめに ………………………… 6

## スキンケア ……………………… 7

### クレンジング
ごま油クレンジング ……………… 8
はちみつクレンジング ………… 10
重曹クレンジング ……………… 11

### 洗顔
緑茶洗顔 ………………………… 12
塩洗顔 …………………………… 14
酢洗顔 …………………………… 15
重曹洗顔 ………………………… 16
卵白洗顔 ………………………… 17
はちみつ洗顔 …………………… 18
米のとぎ汁洗顔 ………………… 19
米ぬか洗顔 ……………………… 20

### スクラブ
黒糖スクラブ …………………… 23
重曹スクラブ …………………… 23
米ぬかスクラブ ………………… 24
緑茶スクラブ …………………… 24
小豆スクラブ …………………… 25
塩スクラブ ……………………… 26
きな粉スクラブ ………………… 26
みかんの皮スクラブ …………… 27

### パック
緑茶（抹茶）パック …………… 28
はちみつパック ………………… 30
りんごパック …………………… 31
ぶどうパック …………………… 31
黒糖パック ……………………… 32
みかんとみかんの皮パック …… 33
卵黄パック ……………………… 34
にんじんパック ………………… 35
ごぼうパック …………………… 35
昆布パック ……………………… 36
キャベツパック ………………… 37
ブロッコリーパック …………… 37
玉ねぎパック …………………… 38
じゃがいもパック ……………… 38
ほうれん草パック ……………… 39
パセリパック …………………… 40
ごま油パック …………………… 41
ヨーグルトパック ……………… 42
すいかパック …………………… 43
塩こうじパック ………………… 44
酒粕パック ……………………… 45

### 化粧水
へちま化粧水 …………………… 48
ゆずの種化粧水 ………………… 50
卵の薄皮化粧水 ………………… 51
アロエ化粧水（1）（2）………… 52
緑茶化粧水 ……………………… 54
日本酒化粧水 …………………… 55
にがり化粧水 …………………… 55
木酢液（竹酢液）化粧水 ……… 56
大根化粧水 ……………………… 57
きゅうり化粧水 ………………… 57
玉ねぎの皮化粧水 ……………… 58
りんごの皮化粧水 ……………… 59

### 乳液・美容液・クリーム
#### 乳液
シンプル乳液 …………………… 60
植物性乳化ワックスの乳液 …… 62

#### 美容液
アロエ美容液 …………………… 64
レモン（ゆず）はちみつ美容液 … 65
ゆずの種美容液 ………………… 66

#### クリーム
みつろうクリーム ……………… 67
ワセリンクリーム ……………… 68

## その他のケア …………………… 69

### 入浴剤
しょうが風呂 …………………… 70
緑茶風呂 ………………………… 72
塩風呂 …………………………… 73

日本酒風呂…………………… 73
重曹風呂……………………… 74
重曹バスボム………………… 75
酢風呂………………………… 76
大根の葉風呂………………… 77
しそ風呂……………………… 78
みかんの皮風呂……………… 79
ゆずの皮風呂………………… 79
ハーブ風呂…………………… 80
椎茸風呂……………………… 82
春菊風呂……………………… 83
よもぎ風呂…………………… 84
どくだみ風呂………………… 84

### ヘアケア
#### シャンプー
大豆の煮汁シャンプー……………… 86
米のとぎ汁＆麺のゆで汁シャンプー
……………………………………… 88
塩シャンプー……………………… 89
重曹シャンプー…………………… 90
片栗粉ドライシャンプー ………… 91

#### リンス
酢リンス…………………………… 92
緑茶リンス………………………… 93
ほうれん草のゆで汁リンス ……… 94

#### パック・ジェル
はちみつヘアパック……………… 95
黒糖ヘアパック…………………… 96
ゼラチンヘアジェル……………… 97

しょうがヘアトニック ………… 98
みかんの皮ヘアローション …… 99
アロエヘアローション ………… 99

### ボディケア
#### ボディマッサージ
レモン（ゆず）ボディマッサージ 100
みかんの皮ボディマッサージ … 102
りんごの皮ボディマッサージ … 103

#### ボディスクラブ
重曹ボディスクラブ …………… 104
黒糖ボディスクラブ …………… 105
塩ボディスクラブ ……………… 105
緑茶ボディスクラブ …………… 106
米ぬかボディケア ……………… 107

へちまたわし …………………… 108
ごま油ボディオイル …………… 110

### デオドラント
#### 消臭スプレー
みょうばん消臭スプレー ……… 112
しょうが消臭スプレー ………… 114
酢消臭スプレー ………………… 115
緑茶消臭スプレー ……………… 116
重曹制汗パウダー ……………… 117
片栗粉消臭パウダー …………… 117

### マウスケア
ナスの歯磨き …………………… 118
重曹歯磨き ……………………… 120

重曹マウスウォッシュ ………… 120
緑茶歯磨き・マウスウォッシュ 121
焼酎マウスウォッシュ ………… 122
酢のうがい液…………………… 123

### リップケア
はちみつリップケア …………… 124
みつろうリップクリーム ……… 125

### 虫除け
木酢液の虫除けスプレー ……… 126
酢の虫除けスプレー …………… 128
焼酎の虫除けスプレー ………… 129
みかんの皮蚊取り線香 ………… 130
かゆみ止めクリーム …………… 132

コラム①手作りコスメの基礎知識 21
　　　②植物エキスの抽出方法 … 46
　　　③運動と美容　　　　　85
　　　④睡眠と美容　　　　　111
　　　⑤食事と美容　　　　　133

おわりに………………………… 134

参考文献………………………… 135
素材別さくいん………………… 136
効果別さくいん………………… 138

# 本書の使い方

- 本書の材料や分量はあくまで目安です。素材の状態や好みに応じて調整してください。
- 効果の現れ方は人それぞれで違います。合わないと感じたり、不快な症状が出たら使用をやめてください。
- 保存について明記がないものは、保存せずにその都度作ります。保存期間内でも、異臭や濁りを感じたら使用を中止してください。

## 使用する材料について

本書で使用した材料の中には、食物アレルギー症状の原因となる卵、小麦、大豆、りんごなども含まれています。必ず、自分の体質を知った上で試してみてください。
また、少量ずつ作って早めに使い切ることを心がけてください。

### 精製水

蒸留やろ過、イオン交換などで不純物を取り除いて精製した水のことです。薬局などで500ml 100円程度で購入できます。保存料などが入っていないため、開封して空気に触れたものは冷蔵で早めに使い切るようにしてください。

### グリセリン

パーム油やヤシ油など主に天然の油脂から作られ、毒性はほとんどありません。皮膚を柔らかくして保護する効果があり、化粧品には保湿剤として使われています。薬局などで500ml 800円程度で購入できます。5〜10％の濃度（100mlの水に小さじ1〜2程度）で使ってください。

### 焼酎

アルコールには雑菌の繁殖を抑えて保存性を高める効果があり、化粧品には防腐剤や容器の消毒用として使えます。無味無臭の甲類を使用し、またアルコール度数の高い方が効果は高いので、基本的に35度以上のものにしてください。日本酒やホワイトリカー、消毒用エタノールでも代用できます。

### 酢

合成酢と醸造酢がありますが、醸造酢の方が身体に良い働きをする有機酸などの成分が多いのでおすすめです。りんご酢などの果実酢が、比較的においがなく使いやすいです。ほかにクエン酸でも代

用可能です。

### 塩

工業的に生産された精製塩と海水から作る天然塩がありますが、人間の身体に必要なミネラルが含まれるため、天然塩を使った方が良いです。

### 植物油

植物油はマッサージや保湿、石けんや化粧品の原料にも使用されています。スキンケアなどの原料に使う場合は、色やにおいが少ない無色透明のもの（ごま油なら生搾りの白ごま油）が使いやすいです。食用の油を使う場合は、熱を加えずに圧搾して作られたもので、色やにおいの少ないものを選んでください。オリーブオイルもよく使われています。

### 重曹

主に薬用、食用、工業用と3種類ありますが、肌につける場合は食用か薬用を使ってください。食用のものは薬用よりも価格が安く、ベーキングソーダとも呼ばれています。

### 木酢液（竹酢液）

木酢液（竹酢液）は、炭を焼くときに出る煙を液化して採取し、タール分を除いたものです。木材由来の200種類以上の成分が含まれるといわれています。原液は煙のにおいが強く主にガーデニング用として、原液をろ過・精製したものは入浴剤やスキンケアに使われています。

### 小麦粉

パックにとろみをつけて肌につけやすくするつなぎとしての役割と、小麦粉自体に美白効果もあります。ただ、アレルギー反応を起こす食品のひとつとして特定原材料に指定されているので、アレルギー体質の人は十分に注意してください。はちみつやクレイ（ミネラルを含んだ粘土）など、別の素材でも代用できます。

### みつろう

ミツバチが巣を作るために分泌する天然のワックスで、口に入れても無害なため、子ども用のクレヨンや粘土に、欧米ではケーキやお菓子作りの際のつや出しにも使われています。はちみつ専門店のほか、自然食品店や化粧品材料の販売店などで植物性乳化ワックスとともに購入可能です。

## はじめに

　農業系の大学に通っていた学生時代、山登りや農業ボランティアに励んでいた私は、日焼け対策などはまったくせずに、多くの時間を屋外で過ごしてきました。20代までは特に何もしなくても肌トラブルは少なく、美容やスキンケアにはほとんど関心を持たずに過ごしてきました。

　出産後はその忙しさを言い訳に、肌のお手入れは後回しに。さらに、子どもを寝かしつけた後は睡眠時間を削り夜なべ仕事をしていたこともあり、30代に入ってふと気づくと、肌荒れや長年の肌のダメージが表面化し始めていました。

　このままではまずいと慌てたものの、まだ子どもにも手のかかる時期、肌のためにかけられる時間もお金もそんなに多くありません。

　そこで、なるべくお金をかけずに簡単で、肌にも環境にもやさしいケアを求めて、台所にあるものや調理後の残りものを利用しながら、肌のお手入れ法を実践してみることにしました。

　できるだけ身近な素材とシンプルな材料で簡単に、を意識して作りました。どれも思い立ったとき、すぐにできるものばかりです。あまり時間をかけられない人も、市販の化粧品が肌に合わない人も、無添加や自然素材などに興味がある人も、ぜひご自宅の台所でご自分の肌に合ったものを、見つけてみてください。

# スキンケア

　スキンケアとは、洗顔や化粧水、乳液、クリーム、美容液などを使用して肌のお手入れをすることです。

　クレンジングや洗顔で汚れを落とし、化粧水で水分補給を、美容液で保湿や栄養を、乾燥している部分には乳液やクリームで油分を補います。

　自分の肌に合った素材と方法を、見つけてみてください。

クレンジング

## クレンジング

洗顔だけでは落とし切れないメイクの汚れを落とすために、クレンジングは必要不可欠です。天然素材であっても強くこすると肌を傷める原因になるので、やさしく肌をなでるようになじませながら落としましょう。
ここではタイプの違う3つのクレンジングをご紹介します。ご自分の肌や好みに合わせて、選んでみてください。

## ごま油クレンジング

| 効　果 | 毛穴の汚れ／くすみ |

| 材　料 | ごま油（透明なタイプ）　小さじ2 |

| 使い方 | 適量を手に取り、やさしく肌をなでながらなじませた後、タオルなどで拭き取る。<br>または泡立てた石けんで洗い流す。 |

油（オイル）には、メイクや毛穴に詰まった汚れを吸着するクレンジング効果がある。中でもごま油には肌をなめらかにする作用があり、肌荒れが気になる人にもおすすめ。
ごま油は透明なタイプのものがにおいも少なく、コスメ作りには使いやすい。ほかにもオリーブオイル、菜種油などでも同様にクレンジングが作れる。

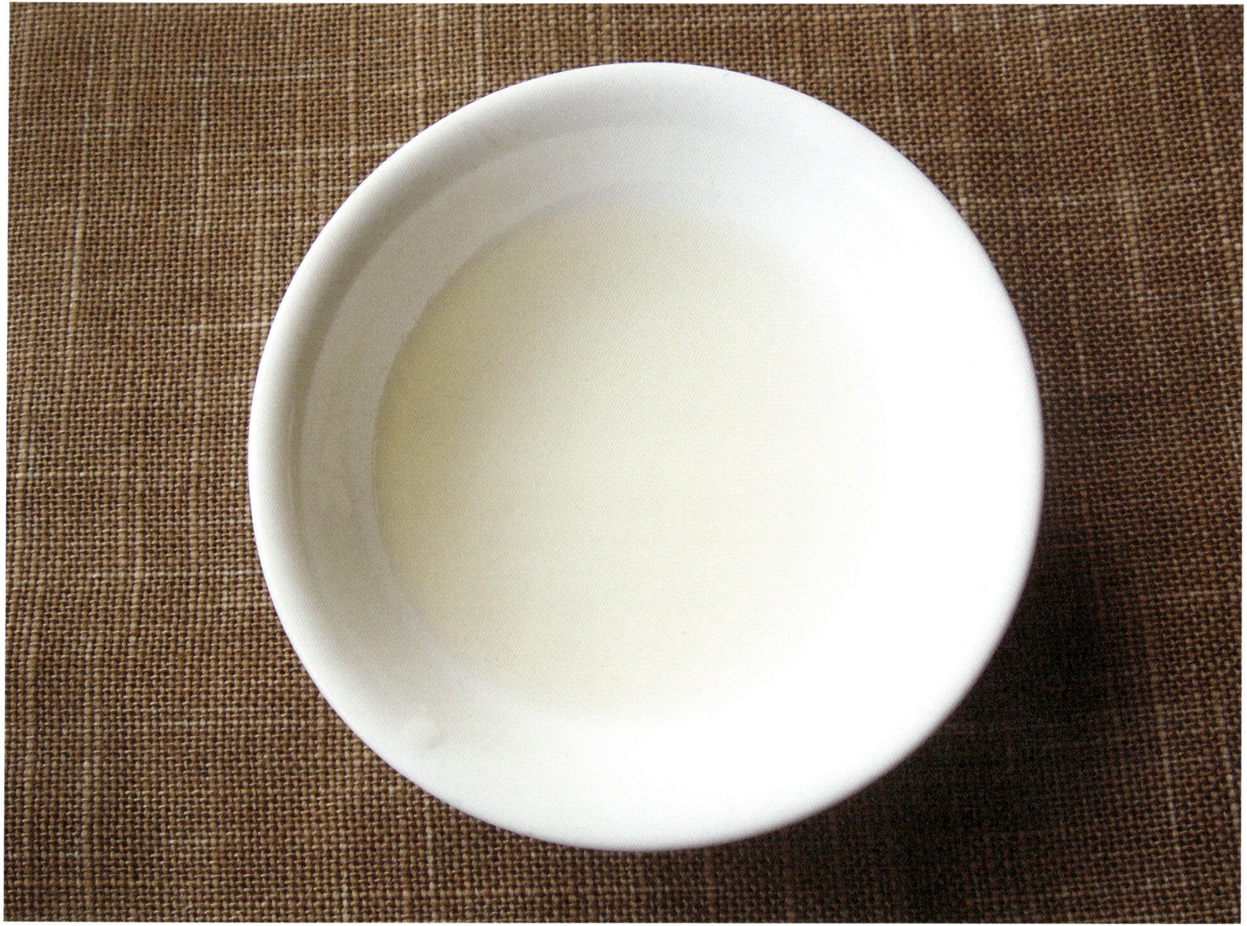

クレンジング

# はちみつクレンジング

**効 果** 保湿／殺菌（ニキビ予防）

**材 料** はちみつ　小さじ2

**使い方** 適量を手に取り、やさしく肌をなでながらなじませた後、洗い流す。

はちみつは肌表面の潤いを保ちながら、メイクや汚れを落としてくれる。水だけで洗い流せる上使用感もサラッとしているので、油（オイル）を使ったクレンジングが苦手な人はこちらを試してみても。
使用後の肌は、はちみつの保湿効果でしっとりとした感じに。殺菌作用があるので、肌を清潔に保ってくれる。

## 重曹クレンジング

| 効 果 | 毛穴の汚れ |

材 料　重曹（食用）　小さじ1
　　　　グリセリン　　小さじ1

作り方　材料をよく混ぜ合わせてペースト状にする。
使い方　適量を手に取り、やさしく肌をなでながらなじませた後、洗い流す。

保 存　密封容器に入れて、冷暗所で1ヵ月。

重曹の細かい粒子が毛穴に詰まった汚れや余分な皮脂を落としてくれる、さっぱりとした使い心地のクレンジング。
メイクをする頻度の少ない人は1回分ずつ作った方が良いが、毎日クレンジングが必要な人は重曹とグリセリンを同量ずつ混ぜて、1ヵ月分をまとめて作っておいても良い。

## 洗顔

洗顔は、皮脂を落とし過ぎずに肌の汚れを落とすことが重要なので、ゴシゴシこすらずぬるま湯でやさしく洗うようにします。

自然素材を使った洗顔は、市販の洗顔料に比べて洗浄力は強くないので安心ですが、肌に刺激や違和感を感じたら、薄めたり、使用をやめるようにしてください。

### 緑茶洗顔

| 効 果 | 美白／シミ／くすみ |
|---|---|

| 材 料 | 緑茶（出がらし）　200ml（1カップ） |
|---|---|

| 使い方 | 洗面器1杯分のぬるま湯に緑茶を加えて、肌をやさしくパッティングしながら洗顔する。 |
|---|---|

緑茶成分は、肌を引き締めて余分な皮脂を落とす働きがある。出がらしは一番茶に比べてカフェインが少なく、肌への刺激も穏やか。
食後に出がらしのお茶を少し残しておけば、ついでに洗顔にも使えて便利。緑茶以外のお茶でも同様に使える。

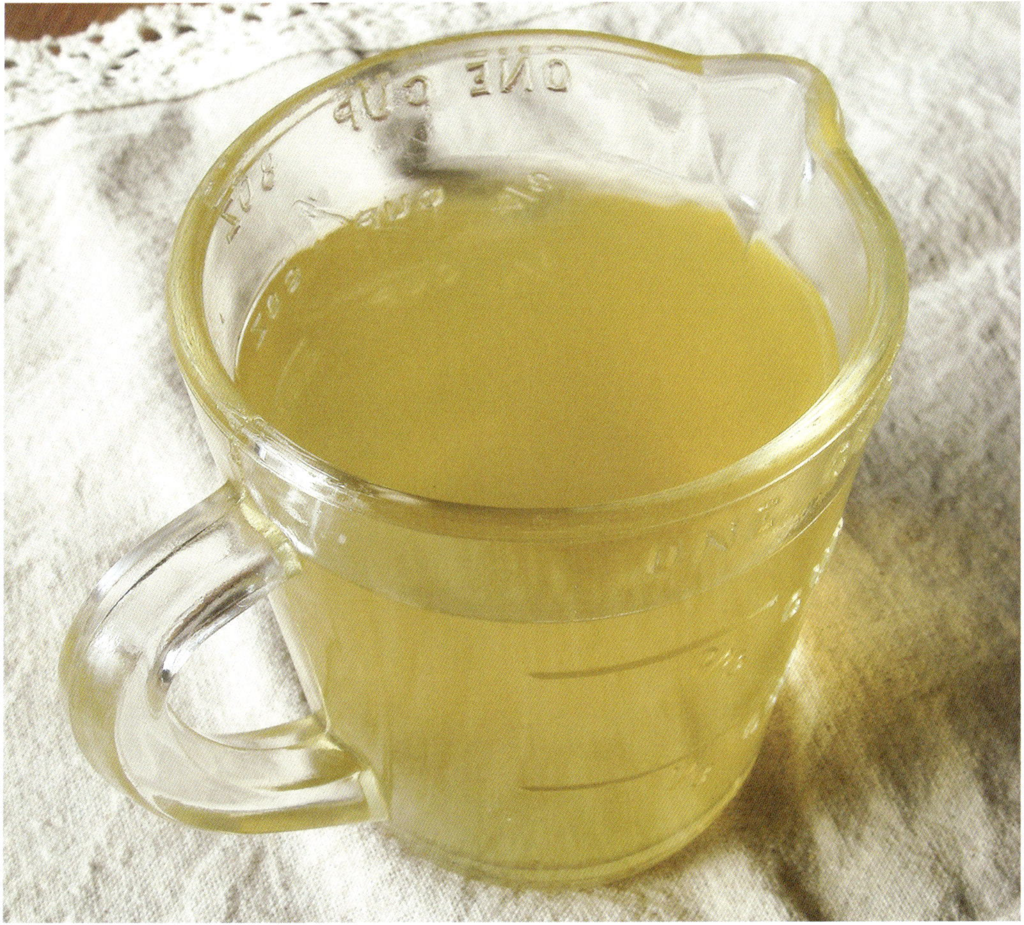
ONE CUP

洗顔

# 塩洗顔

| 効　果 | 殺菌（ニキビ予防）／肌の引き締め |

材　料　天然塩　小さじ1〜2

使い方　洗面器1杯分のぬるま湯に、塩を溶かして洗顔する。

天然塩は人間の身体に必要なミネラル分を含み、身体の内外から不要物を排出しながら新陳代謝を上げ、皮膚の汚れや雑菌を落とし肌荒れを防ぐ効果がある。
洗顔後はさっぱりしながらもつっぱらず、肌がすべすべになる。肌質やその日の肌の状態によりピリッと刺激を感じることもあるので、薄めから始めると良い。

# 酢洗顔

| 効果 | 殺菌（ニキビ予防）／肌のpHバランスを整える |
|---|---|

**材料** 酢　小さじ1

**使い方** 洗顔後、洗面器1杯分のぬるま湯に酢を加えて肌をすすぐ。

酢の一番の特徴は強い殺菌力で、ニキビを予防して肌を清潔に保つ効果がある。また、石けんや重曹で洗顔した後さらに酸性の酢で肌をすすぐと、アルカリ性に偏った肌のpHを正常に戻してくれる。
洗顔後、酢ですすぐと肌触りの違いが実感できる。

洗顔

# 重曹洗顔

| 効 果 | 毛穴・角質・皮脂ケア |

材 料　重曹（食用）　小さじ1/2

使い方　洗面器1杯分のぬるま湯に、重曹を溶かして洗顔する。

重曹には余分な皮脂や汚れを吸着する働きがあり、ニキビのできやすい人や脂性肌におすすめの素材。古くなった角質のケアや、毛穴の汚れ落としにも効果がある。
脂性と乾燥の混合肌の人は、おでこや鼻など皮脂分泌の多い部分だけをこの方法で洗っても良い。

# 卵白洗顔

| 効　果 | 保湿／毛穴・皮脂ケア／殺菌（ニキビ予防） |

材　料　卵白　1個分

使い方　卵白で肌をやさしくなでながらなじませて軽くマッサージし、洗い流す。

卵には、余分な皮脂を落とす効果がある。卵白には保湿や殺菌、肌の再生を促す働きもある。
近所に住む80代のおばあちゃんは若いころ、風呂上がりや洗顔後に卵の殻に残った卵白を肌に塗っていたそう。

洗顔

# はちみつ洗顔

| 効 果 | 保湿／殺菌（ニキビ予防） |

材 料　はちみつ　小さじ1

使い方　泡立てた石けんか普段使っている洗顔料にはちみつを加え、よく混ぜて洗顔する。

保湿効果があるはちみつを洗顔料に少し加えるだけで、洗い上がりの肌がつっぱらずにふっくらする。
石けんの洗顔では肌が乾燥しやすい人におすすめ。殺菌効果もあり、肌を清潔に保てる。

# 米のとぎ汁洗顔

効果　保湿／シミ／しわ

材料　米のとぎ汁　適量

使い方　とぎ汁を洗面器に入れ、肌をやさしくパッティングしながら洗顔する。

保存　冷蔵で翌日まで。

近所に住む80代のおばあちゃんに教えてもらった洗顔法。米のとぎ汁には米ぬかの成分が含まれており、肌の水分の蒸発を防ぎ潤いを保ってくれる。昔、とぎ汁を入浴剤代わりに風呂に入れて、そのお湯を洗顔や洗髪にも使用していたそう。
とぎ汁は毎日出るので、よく洗顔に利用している。化粧水代わりに、乾燥した肌にスプレーしても。

洗顔

# 米ぬか洗顔

| 効 果 | 美白／保湿 |

材 料　米ぬか　大さじ1

作り方　ガーゼで米ぬかを包み、中身がこぼれないように輪ゴムで縛る。
使い方　ぬるま湯に入れてもみ出し、そのお湯で洗顔する。

米ぬかは玄米を精米したときに出る表皮や胚芽の部分で、リノール酸やビタミンEなどを含み、肌の汚れを落としながら潤いや栄養を与えてくれる。
石けん代わりに米ぬかを使って顔や身体を洗うと、必要以上に皮脂を落とさず刺激も少なく、乾燥する季節でも肌がつっぱらない。

## 手作りコスメの基礎知識

**パッチテスト**

自然素材でも、体質や肌質、または体調不良によってアレルギー反応や刺激を感じることがあります。
その素材が自分の肌に合うか、必ず試してから使ってください。
方法は、腕の内側に10円玉ほどの量を塗り、10分後に異常（かゆみ、赤み、湿疹など）がないか確認します。さらに、つける部位の肌に少量つけて24時間おいて再度確認しましょう。

**煮沸消毒**

化粧品の保存容器、使用する道具などは使用前に殺菌、消毒をします。煮沸消毒は、たっぷりの水を入れた鍋に容器と道具をつけ、火にかけて沸騰させ1〜2分煮た後、熱いうちに取り出して自然乾燥させます。大きな容器や熱に弱い容器などは、35度以上のアルコール（焼酎やホワイトリカーなど）を清潔な乾いた布巾に浸み込ませ、よく拭いて消毒します。

**容器**

化粧品を入れる容器は、ガラス製で蓋のできるものが安全性が高く保存にも適しています。ジャムや飲料が入っていたガラス容器を取っておくと便利です。
プラスチック容器は中身によっては長期間入れておくと容器材料の成分が溶け出す可能性もありますが、軽くて割れる心配がなく携帯にも便利なので、短期間の旅行時など目的や中に入れる素材に応じて使い分けてください。

スクラブ

# スクラブ

　スクラブ洗顔は、つぶつぶ状の粒子を利用して肌との摩擦を高め、毛穴の汚れや余分な皮脂、古くなった角質を落とす効果があります。

　普段使いの石けんや洗顔料に好みの素材を加えるだけで、手作りのスクラブ洗顔ができます。やり過ぎは肌を傷つける原因になるので、週に1～2回を目安に行ってください。

| 効果 | 毛穴・皮脂・角質ケア |

手前から黒糖、重曹、米ぬか、緑茶スクラブ

## 黒糖スクラブ

材料　黒糖　小さじ1

毛穴や角質をケアしながら、黒糖のミネラル成分が肌に潤いや栄養を与えてくれる。肌荒れや乾燥が気になる人におすすめ。
使用後の肌はツルツルで柔らかくなるので、顔だけでなくひじやひざ、かかとなどにも使ってみて。食べたくなるような甘い香りのスクラブ。

## 重曹スクラブ

材料　重曹（食用）　小さじ1

黒ずみの気になる小鼻まわりなどに部分的に使うのも効果的。その場合は、少量の水で練ってペースト状にしたものを塗り、洗い流せばOK。洗顔後の肌がつっぱったり、乾燥が気になる人は、保湿効果のある素材に混ぜて使ったり、スクラブの量を少なめに。使用後はしっかりと保湿をするなどの工夫を。

使い方
・石けんや洗顔料に各素材小さじ1を混ぜて洗顔をする。

・はちみつや好みのオイル小さじ2に各素材小さじ1を混ぜて、顔や全身の肌をやさしくマッサージした後、洗い流す。

スクラブ

## 米ぬかスクラブ

材 料　米ぬか　小さじ1

敏感肌や乾燥肌におすすめ。米ぬかは、古くから石けん代わりに使われてきた日本人になじみのある素材。我が家ではぬか床に利用したり、炒ってふりかけにして食べたり、庭の堆肥作りや畑の肥料に使ったり、顔や身体を洗ったりと、日頃からよく活用している。

## 緑茶スクラブ

材 料　緑茶　小さじ1

作り方　茶葉をすり鉢で細かくすりつぶす。

保 存　密閉容器に入れて、常温で1ヵ月。

茶葉を細かくすりつぶすほか、抹茶を利用しても良い。肌がさっぱりするので、脂性肌やニキビのケア、夏の暑い時期にもピッタリ。緑茶のさわやかな香りでリラックス効果も期待できる。
私は緑茶をもらう機会が多いので、使い切れないときや古くなってしまったものなどは草木染めに使ったり、スクラブ・洗顔・化粧水・入浴剤・リンスなどに利用している。

# 小豆スクラブ

材　料　小豆　ひと握り（約4回分）

作り方　*1*　小豆をフライパンで2〜3分、弱火でから炒りする。
　　　　*2*　粗熱が取れたら、すり鉢（またはミルサーなど）ですりつぶして粉末にする。

保　存　密閉容器に入れて、常温で1ヵ月。

小豆の成分サポニンは水と混ぜると泡立つ性質があり、昔から洗顔料として使われてきた。粗挽きするとスクラブ効果があり、肌の汚れを落としながらキメを整えて肌を明るくしてくれる。どのタイプの肌でも使いやすい。私は、調理用から取り除いた虫食いや割れた小豆を利用して作っている。

スクラブ

## 塩スクラブ

材　料　天然塩　小さじ1

塩は古くから美容にも使われてきた、天然スクラブの代表的な素材。粒が大きいと肌を傷つける原因になるので、粒子の細かい塩を選んだり、すり鉢で細かくすりつぶしてから使うと良い。
刺激が強めなので、肌がピリピリしたり傷があるときは使用をやめること。

## きな粉スクラブ

材　料　大豆　ひと握り（約4回分）

作り方　*1* 乾燥した大豆を、フライパンで軽く焦げ目がつくまで弱火でから炒りする。
　　　　*2* 粗熱が取れたら、すり鉢（またはミルサーなど）ですりつぶして粉末にする。

保　存　密閉容器に入れて、常温で1ヵ月。

大豆に含まれる栄養成分や油分は、肌に水分と栄養を与え、皮脂分泌を整える効果がある。肌に負担をかけずに汚れを取り除くことができるので、敏感肌や乾燥肌におすすめの素材。
きな粉は簡単に作れて、できたては香りが良いので手作りしてみて。私は時間が経って香りの落ちたころ、スクラブに利用している。

# みかんの皮スクラブ

材料　みかんの皮　適量

作り方　1 みかんの皮を、カラカラに乾くまで天日干しする。
2 すり鉢（またはミルサーなど）ですりつぶして粉末にする。

保存　皮…密閉容器や紙・布袋に入れて、風通しの良い場所で1年。
粉末…密封容器に入れて、常温で1ヵ月。

みかんの皮にはビタミンCが多く含まれ、潤いを保ちながら肌の新陳代謝を促す効果がある。柑橘系の良い香りも魅力。薬味やお茶にしたり、薬用や入浴剤、虫除けなどいろいろ利用できるので、私は毎年冬の間食べた分を保存している。
粉末は時間が経つと香りが落ちるので、使う分だけ作り、皮はそのまま保存しておくと良い。

手前から小豆、塩、きな粉、みかんの皮スクラブ

## パック

パックは、肌の表面に薄い膜を作って肌に水分や栄養を与え、古くなった角質や余分な皮脂を取り除く効果があります。野菜や果物など天然のパックは比較的効果が穏やかですが、頻繁に行うと必要以上に角質や皮脂が取り除かれてしまい乾燥や肌荒れの原因になることもあるので、週に1〜2回程度が使用の目安です。

それぞれシンプルな材料を紹介したので、肌の状態や好みに応じて保湿効果のある素材や、汚れを落とす効果のある素材をプラスして、オリジナルのパックを作ってみてください。

**使い方**・顔にのばしてたれてこない程度の固さにして洗顔後の肌に塗り、5〜10分ほどおいてから洗い流す。

# 緑茶（抹茶）パック

**効果** 美白／シミ／殺菌（ニキビ予防）

**材料** 緑茶（出がらし）または抹茶　小さじ1
　　　小麦粉　　　　　　　　　　　小さじ2

**作り方** 緑茶の出がらしの茶葉を細かくすりつぶし、小麦粉を加えて混ぜる。
または、抹茶に小麦粉と少量の水を加えて混ぜる。

緑茶には美白効果や肌荒れの原因になる活性酸素を除去する働きなどがあり、美容効果の高い素材。
出がらしにも栄養成分がたくさん残っているので、利用してみて。作るのが面倒なら直接出がらしの茶葉を肌にのせておくだけでも効果がある。
私は、出がらしの茶葉を佃煮にしたり、ご飯に炊き込んで食べることもある。

左から緑茶、抹茶

パック

# はちみつパック

| 効 果 | 保湿／殺菌（ニキビ予防） |

材 料　はちみつ　小さじ2

はちみつは、古くから薬や化粧品の原料としても使われてきた。
ほかの素材のパックに小さじ1程度加えたり、はちみつに好みのスクラブ（本書22ページ〜参照）をひとつまみ加える使い方も。

## りんごパック

| 効果 | 毛穴の汚れ／角質ケア／シミ／しわ／くすみ |

| 材料 | すりつぶしたりんごの芯や皮　小さじ2<br>小麦粉　　　　　　　　　　　　小さじ2 |

| 作り方 | 食べた後に残った皮や芯をすり鉢ですりつぶし、小麦粉と少量の水を加えて混ぜる。 |

食べた後に残る芯や皮を活用したパック。
りんごに含まれる成分には穏やかなピーリング作用があり、毛穴の奥の汚れや古い角質を落とす効果がある。皮脂バランスを正常に整えて、べたつきもかさつきも同時に解消できる。

## ぶどうパック

| 効果 | 美白／肌荒れ／角質ケア |

| 材料 | すりつぶしたぶどうの皮　小さじ2<br>小麦粉　　　　　　　　　　小さじ2 |

| 作り方 | 食べ終わった後の皮をすり鉢ですりつぶし、小麦粉を加えて混ぜる。 |

ぶどうに含まれるフルーツ酸は穏やかなピーリング作用があり、角質を取り除いてくれる。また、ビタミンCの美白効果や抗酸化成分が肌の老化を防ぐ働きも。
ぶどうの皮を捨てずに何か使えないかと思い、パックにしたり手足など肌のマッサージにも利用するようになった。

パック

# 黒糖パック

**効 果** 保湿／角質・毛穴ケア

**材 料** 黒糖　　小さじ1
　　　　小麦粉　小さじ2

**作り方** 黒糖に小麦粉と少量の水を加えて混ぜる。

黒糖には、肌の水分蒸発を防ぎ角質や毛穴の汚れを取り除く効果がある。
パック後の肌触りが良く、栄養が補給されたことを実感できる。

# みかんとみかんの皮パック

| 効果 | みかん…美白／シミ／そばかす<br>みかんの皮…保湿／角質・毛穴ケア |
|---|---|

材料　みかんパック…すりつぶしたみかん　　　1房
　　　　　　小麦粉　　　　　　　　　　　小さじ2
　　　みかんの皮パック…みかんの皮（粉末）　小さじ1
　　　　　　小麦粉　　　　　　　　　　　小さじ2

作り方　みかん1房をすり鉢ですりつぶし、小麦粉を加えて混ぜる。
　　　　または乾燥させたみかんの皮をすり鉢ですりつぶし、小麦粉と少量の水を加えて混ぜる。

左からみかん、みかんの皮

多くの果物にはフルーツ酸やビタミンCなど、美容効果が高い成分が含まれる。
私はみかんを食べたときに、残った皮を保存してパックにしている。皮は香りが良く、私の好きな素材のひとつ。

## 卵黄パック

| 効　果 | 美肌／保湿／しわ |

材　料　卵黄　　　1個分
　　　　小麦粉　　小さじ2

作り方　取り分けた卵黄に小麦粉を加えて混ぜる。

卵黄に含まれる成分はアンチエイジング効果が高く、皮膚の細胞を活性化してしわや肌荒れを防ぐ働きがある。卵白は洗顔（17ページ）に、殻の薄皮は化粧水（51ページ）にも使えるので、お菓子作りなどで卵白や卵黄を使うときは残りを上手に利用してみて。

## にんじんパック

| 効果 | 美白／保湿／くすみ |
|---|---|

| 材料 | すりおろしたにんじんのヘタ　1本分 |
|---|---|
| | 小麦粉　　　　　　　　　　小さじ2 |

| 作り方 | にんじんのヘタをおろし金ですりおろし、小麦粉と少量の水を加えて混ぜる。 |
|---|---|

にんじんのヘタを利用したパック。にんじんには抗酸化作用があり、肌の再生効果が高く、肌トラブルを抑えて正常に整えてくれる。
1本分のヘタでちょうど1回分が作れるので便利。

## ごぼうパック

| 効果 | 殺菌（ニキビ予防）／消炎（ニキビケア）／日焼けケア |
|---|---|

| 材料 | すりおろしたごぼう　小さじ2 |
|---|---|
| | 小麦粉　　　　　　　　小さじ2 |

| 作り方 | ごぼうをおろし金ですりおろし、小麦粉と少量の水を加えて混ぜる。 |
|---|---|

ごぼうは元々中国から薬草として伝わったもので、解毒、排膿(のう)、消炎剤として使われてきた。ニキビや吹き出物などが気になるときに、試す価値のあるパック。
私は、調理に使いにくい筋が多い端の硬い部分を使って作っている。

パック

# 昆布パック

| 効 果 | 皮脂ケア／くすみ／日焼けケア |

材 料　ダシを取った後の昆布　小さじ2
　　　　小麦粉　　　　　　　　小さじ2

作り方　ダシ取り後の昆布を細かく刻んですり鉢ですりつぶし、小麦粉を加えて混ぜる。

海藻は、エステサロンなどのタラソテラピー（海洋療法）でもよくパックとして使われており、天然のミネラルが含まれるので美肌効果が高い素材。
ダシ取り後の昆布を、私はいつも細切りにして佃煮にして食べたり、パックにして利用している。冷凍すれば、1ヵ月ほど保存できる。

## キャベツパック

| 効 果 | 美白／消炎（ニキビケア） |
|---|---|

| 材 料 | すりおろしたキャベツの芯 | 小さじ2 |
|---|---|---|
| | 小麦粉 | 小さじ2 |

## ブロッコリーパック

| 効 果 | 美白／シミ／そばかす |
|---|---|

| 材 料 | すりおろしたブロッコリーの茎 | 小さじ2 |
|---|---|---|
| | 小麦粉 | 小さじ2 |

作り方　調理後に残った芯や茎をおろし金ですりおろし、小麦粉と少量の水を加えて混ぜる。

キャベツの芯を利用して作ったパック。キャベツに含まれる成分は、炎症を鎮めてニキビを治したり、肌を再生する効果がある。

ブロッコリーの茎を利用したパック。ブロッコリーには美肌やアンチエイジング効果のあるビタミンが豊富なので、私は芯の部分も細かく刻んで調理して食べたり、硬い部分をパックに利用して使い切っている。

＊キャベツの芯やブロッコリーの茎は、冷蔵しておけば数日はもつ。

パック

## 玉ねぎパック

| 効　果 | 皮脂ケア／殺菌（ニキビ予防） |

| 材　料 | すりおろした玉ねぎ　小さじ2 |
|        | 小麦粉　　　　　　　小さじ2 |

| 作り方 | 皮をむいた玉ねぎをおろし金ですりおろし、小麦粉を加えて混ぜる。 |

玉ねぎの成分には、不要な皮脂を溶かしバランスを整えて肌を清潔にする効果があるので、脂性肌向きのパック。
辛み成分で肌がヒリヒリしたりつっぱる場合があるので、初めて使うときは注意が必要。
玉ねぎの皮は、化粧水（58ページ）としても使える。

## じゃがいもパック

| 効　果 | 美白／シミ／そばかす／日焼けケア |

| 材　料 | すりおろしたじゃがいも　小さじ2 |
|        | 小麦粉　　　　　　　　　小さじ2 |

| 作り方 | 皮ごとおろし金ですりおろしたじゃがいもに、小麦粉を加えて混ぜる。 |

じゃがいもはアルカリ食品で、日焼けした肌を落ち着かせる効果がある。ビタミンCも豊富で、シミやそばかすを防いでくれる。
私は、家庭菜園でできた食べるには小さなじゃがいもをパックに利用している。さつまいもでも作れ、同様の効果がある。

## ほうれん草パック

| 効果 | 美白／肌荒れ |
|---|---|

| 材料 | すりつぶしたほうれん草の根元部分　小さじ2 |
|---|---|
| | 小麦粉　　　　　　　　　　　　　　　小さじ2 |

| 作り方 | ほうれん草の根元部分をすり鉢で細かくすりつぶし、小麦粉を加えて混ぜる。 |
|---|---|

ほうれん草は、緑黄色野菜の代表といわれるほど栄養価の高い野菜。
根元の赤い部分には栄養が多く含まれているので、捨てずにパックなどに上手に利用してみて。

パック

# パセリパック

| 効果 | 美白／シミ／皮膚細胞の再生 |

| 材料 | すりつぶしたパセリ　小さじ2 |
| | 小麦粉　　　　　　　　小さじ2 |

作り方　パセリをすり鉢で細かくすりつぶし、小麦粉と少量の水を加えて混ぜる。

パセリは、野菜の中でも栄養素の含有量がトップクラスといわれている。
我が家では庭のプランターでパセリを育てているが、いつも食べ切れないほど収穫できるので、パックにも利用するようになった。
パセリは鉢植えでも簡単に育てられる。

# ごま油パック

| 効　果 | 保湿／アンチエイジング |
|---|---|

材　料　ごま油（透明なタイプのもの）　小さじ1/2

使い方　洗顔後、手の平で人肌くらいに温めて顔に薄くのばす。上から蒸しタオルを当て、2〜3分ほどおいてから拭き取る。

ごま油は、インドの自然治癒法・アーユルヴェーダではマッサージオイルに、中国の漢方薬では軟膏の原料として古くから利用されてきた。
ほかに、自然な圧搾法で作られた菜種油やオリーブオイルなどでも、同様にしてパックできる。

パック

# ヨーグルトパック

効　果　保湿／美白／アンチエイジング

材　料　プレーンヨーグルトの上澄み液（乳清）小さじ2

使い方　洗顔後の肌に塗り、5〜10分おいてから洗い流す。

保　存　冷蔵で2〜3日。

ヨーグルトの上澄み液は水分が分離したもので、栄養成分が含まれる。古い角質などの老廃物を取り去り、肌の新陳代謝を高める効果がある。
私はプレーンヨーグルトを食べるときは、いつも上澄み液をパックに利用している。パックした後の肌は、くすみが取れて明るくなる気がする。

# すいかパック

| 効　果 | 保湿／日焼けケア |
|---|---|

材　料　すいかの皮　適量

作り方　すいかの皮の、緑の部分を取り除く。
使い方　肌にのせやすい形に切って洗顔後の肌にのせ、5
　　　　〜10分ほどおく。

すいかの皮の白い部分を使って、肌に水分を補給したり日焼け後のほてりを鎮めることができる。輪切りにしたきゅうりでも、同様の効果がある。
我が家では、すいかを食べたときにたくさん出る皮を漬け物に、それでも残ったらパックや、全身のマッサージにも利用している。

パック

# 塩こうじパック

| 効 果 | 肌荒れ／殺菌（ニキビケア）／皮脂ケア |

材 料　こうじ　300g
　　　　塩　　　100g

作り方　こうじをよくほぐして塩を混ぜ合わせ、ひたひたになるまで水を加える。冷暗所で1週間ほどおき、どろっとした状態になれば完成。

使い方　小さじ2を洗顔後の肌に塗り、5〜10分ほどおいてから洗い流す。

保 存　冷蔵で2〜3ヵ月。

麹菌は日本特有の菌で、味噌やしょうゆ、日本酒など発酵食品を作る材料として使われてきた。食材としても美肌効果があるが、現在は麹の様々な機能が注目され、化粧品などにも活用されている。
美肌効果のある素材同士を合わせた塩こうじなら、肌にも良いはず！　と試しにパックしてみたところ、肌がさっぱりとすべすべに。

# 酒粕パック

| 効 果 | 保湿／美白／肌トラブル全般 |

材 料　酒粕　100g

作り方　酒粕をすり鉢で細かくすりつぶし、少量の日本酒（または水）を加えてペースト状にする。

使い方　洗顔後の肌に小さじ2を塗り、5〜10分ほどおいてから洗い流す。

保 存　密封容器に入れて、冷蔵で2週間。

昔から酒蔵で働く人の手がきれいとよくいわれるように、酒粕には肌の保湿やメラニンの生成を抑える働きがあり、あらゆる肌トラブルに効果を発揮する。
お風呂で使えば、顔だけでなく手足などにもパックできる。パック後の肌の触り心地がしっとりとしてくるので私は冬の時期、甘酒を作るときに利用している。

コラム2

# 植物エキスの抽出方法

化粧水やクリーム、パックなどは、様々な植物のエキスを加えて作ることができます。植物それぞれの効能の違いを理解し、自分に合ったものを選んでみてください。家庭で簡単にできる方法をいくつかご紹介します。

## 1. 浸出させる

材料　水　200ml、乾燥させたハーブやお茶・薬草など適量（小さじ1程度）

作り方　熱湯の中にハーブなどを入れ、蓋をして10分ほど蒸らす。液を取り分け、冷ましてから使う。

ハーブティーを作る要領で、植物エキスを抽出する方法。化粧水やリンス、パックを作るとき、精製水の代わりになる。素材によって抽出される濃さが違うので、入れる量を加減して調節してください。

## 2. 煮出す

材料　水　200ml、乾燥させたハーブやお茶・薬草など（生または乾燥）適量

作り方　鍋に水からハーブなどを入れて火にかけ、沸騰したら弱火で2～3分ほど煮出す。液を取り分け、冷ましてから使う。

煮出すことで、浸出よりも成分がより濃く抽出される。1と同様、精製水の代わりになる。素材の種類や状態（生または乾燥）によって抽出される濃さが違うので、入れる量を加減して調節してください。

＊1、2ともあまり日持ちしないので、作ったらすぐに利用してください。

## 3. アルコールに漬ける（チンキ）

材料　アルコール（甲類の焼酎、ウォッカなど25度以上のもの）200ml、ハーブやお茶、薬草（生または乾燥）適量

作り方　1 ハーブなどを適当な大きさに切って瓶に詰め、アルコールをひたひたになるまで注ぐ。
　　　　2 冷暗所で1ヵ月ほどおく。
　　　　3 清潔な布などでエキスを濾す。

保存　冷暗所で1年。

チンキとは、植物をアルコールに浸すことで抽出されたエキスのこと。アルコールの刺激に敏感な人は、一度沸騰させてアルコールを飛ばしてから使うと良い。化粧水、うがい薬、消臭剤、虫除けのアルコール代わりになる。

## 4.オイルに漬ける

材　料　植物油（ごま油、オリーブオイルなど）100ml
　　　　ハーブやお茶、薬草（生または乾燥）適量
作り方　*1* ハーブなどを適当な大きさに切って瓶に詰め、植物油をひたひたになるまで注ぐ。
　　　　*2* 冷暗所で2週間ほどおく。
　　　　*3* 中のハーブなどを取り出す。
保　存　冷暗所で2〜3ヵ月。

植物油は、香りや癖が少なく酸化しにくいものが向いている。食用なら、ごま油やオリーブオイルなどがおすすめ。クリームや軟膏、マッサージオイルを作る際にも利用できる。

## 5.酢に漬ける

材　料　酢　200ml、ハーブやお茶・薬草（生または乾燥）適量
作り方　*1*〜*2* までは植物油を酢に変え、*4*と同様に作る。
　　　　*3* 布などでエキスを濾す。
保　存　冷暗所で1年。

酢は比較的穏やかなにおいの、リンゴ酢などの果実酢が使いやすい。アルコールの刺激に弱い人や子どもでも使える。入浴剤や化粧水、リンスやうがい薬、虫除けなどに使用することができる。

＊**4**、**5**ともスキンケアだけでなく料理にも使える。濃度を上げたければ、ハーブや植物を追加する。

# 化粧水

化粧水は、洗顔によって皮脂膜が洗い流されて乾燥しやすくなった肌に水分を補給するためにつけます。

顔だけでなく首筋もケアしたり、乾燥が気になる部分、手足や身体全体にも使ってみてください。

シンプルな材料で紹介しているので、アレンジしてほかの素材と合わせたり、ハーブエキスや精油を少量加えて香りをつけたりしてオリジナルの化粧水を作ってみてください。

## へちま化粧水

| 効果 | 保湿／日焼けケア／皮膚細胞の再生 |
|---|---|

材料　へちま　1株

作り方
1. 9月ごろ、へちまの茎を根元から30〜50cmのところで切り、切り口を空き瓶にさす。
2. 瓶の口と茎の隙間を布やテープなどでふさぎ、そのまま置いておく。
3. 水がたまってきたら布巾などでろ過し、殺菌のため鍋で1〜2分煮る。
4. 密封容器に入れて保存する。
（煮沸消毒した小さめの瓶などに小分けすると良い）

使い方　洗顔後の肌につける。

保存　開封前…冷暗所で2〜3ヵ月。
　　　開封後…冷蔵で1週間。

へちま水は古くから「美人水」と呼ばれ、化粧水として利用されてきた。へちまは緑のカーテンにもなり、ベランダや庭先でも簡単に育てられる。4〜5月ごろ、市販の苗を植えるか種を蒔いて育てる。9月ごろ実が熟したら、化粧水を作る。雑菌が入らないようすぐに密閉保存し、開封したら早めに使い切る。小さめの容器に小分けしたり、数日おきに再び煮立てて殺菌させながら使えば長持ちするが、異臭がしたら使用をやめること。

へちまは、我が家では実が小さいうちに収穫して食べたり、熟した実をたわしの材料（108ページ）にしたりと、利用価値が高くお気に入りの植物。

化粧水

# ゆずの種化粧水

| 効　果 | 保湿／シミ／しわ／くすみ |

材　料　ゆずの種　　3個分
　　　　焼酎　　　　200ml
　　　　精製水　　　100ml ┐A
　　　　グリセリン　小さじ2 ┘

作り方　実から取り出したゆずの種を、洗わずにそのまま密閉容器に入れ、焼酎を注いで1週間おく。（種も焼酎もその都度つぎ足してOK）

使い方　大さじ1を取り分けてAを加えて混ぜ、洗顔後の肌につける。

保　存　焼酎漬け…冷暗所で1年。
　　　　化粧水…冷蔵で2週間。

ゆずの種には活性酸素を消去したり、細胞を修復する働きがある。我が家では冬の間、果汁はゆず茶やお酢代わりに、皮はピール菓子や干して薬味や入浴剤に、種は化粧水と美容液にと、大活躍している。

# 卵の薄皮化粧水

**効果**　保湿／シミ／たるみ

**材料**　卵の薄皮　　10個分
　　　　焼酎　　　　200ml
　　　　精製水　　　100ml ⎫ A
　　　　グリセリン　小さじ2 ⎭

**作り方**
1. 卵の殻をよく洗い、薄皮をはがす。
2. 水分を拭き取りよく乾かしたら、密閉容器に入れて焼酎を注ぎ1週間ほどおく。

**使い方**　大さじ1を取り分け、Aを加えて混ぜる。

**保存**　焼酎漬け…冷暗所で1年。
　　　　化粧水…冷蔵で2週間。

卵の薄皮には保湿成分のヒアルロン酸が多く含まれ、焼酎に漬けることで成分を抽出できる。薄皮は一度に集められなくても、卵を使う度に追加して足していけば良い。我が家は、残った殻は砕いて庭木の肥料にしている。

化粧水

## アロエ化粧水（1）　　アロエ化粧水（2）

**効　果**　保湿／殺菌（ニキビ予防）／消炎（ニキビケア）／シミ／皮膚細胞の再生／肌トラブル全般

**材　料**　アロエ　　　1枚
　　　　　焼酎　　　　200ml
　　　　　精製水　　　100ml ⎱ A
　　　　　グリセリン　小さじ2 ⎰

**作り方**　*1* アロエを洗ってトゲを切り取り、皮をむいてゼリー状の部分を1cm角に切る。
　　　　*2* 密封容器に入れ、焼酎を注いで1週間ほどおく。

**使い方**　液を大さじ1取り分けてAを加えて混ぜ、洗顔後の肌につける。

**保　存**　焼酎漬け…常温で1年。
　　　　　化粧水…冷蔵で2週間。

アロエは「天然のヒアルロン酸」と呼ばれるほど保湿効果に優れ、肌トラブルを総合的にケアできる万能の植物。我が家では、傷や打撲などの手当にも焼酎漬けの液を薬代わりにつけて利用している。

**材　料**　アロエ　　1枚
　　　　　精製水　　100ml

**作り方**　トゲを取ったアロエを皮ごと5mmほどの輪切りにして容器に入れ、精製水を加える。

**使い方**　洗顔後の肌につける。

**保　存**　冷蔵で1週間。

アルコールを使わずに作りたい人に。焼酎を使わない分日持ちはしないが、作りたてをすぐに使える上、アルコールに敏感な人でもOK。
アロエは栽培がとても簡単で鉢植えでほとんど手をかけずに育つので、1株あると便利。

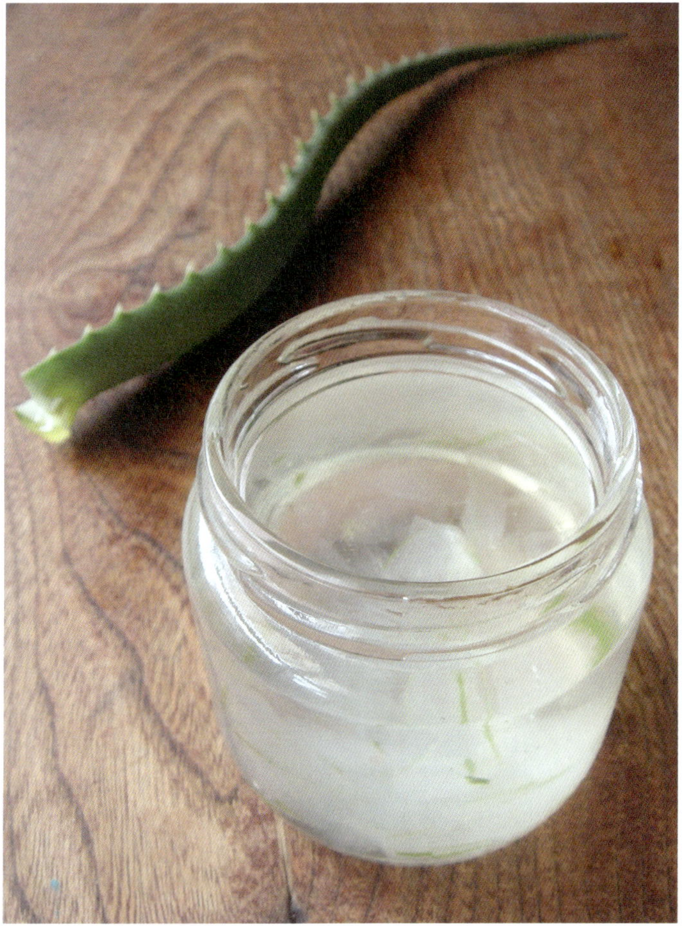

## 緑茶化粧水

| 効 果 | 美白／殺菌（ニキビ予防）／日焼けケア |

| 材 料 | 緑茶（出がらし） | 100ml |
| | 焼酎（または日本酒） | 大さじ1 |
| | グリセリン | 小さじ2 |

使い方　材料を混ぜ合わせ、洗顔後の肌につける。

保 存　冷蔵で2週間。

肌のべたつきを取り除いて、さっぱりさせてくれる化粧水。（緑茶だけを肌につけてもOK）
緑茶成分のカテキンは紫外線を吸収し、肌につけると日焼けを防ぐ効果もあるので、我が家はお出かけ前の日焼け止め代わりに子どもの肌につけることも。
緑茶以外のお茶でも同様に化粧水が作れるので、普段飲んでいるお茶でも試してみて。

## 日本酒化粧水

| 効　果 | 保湿／美白／肌のキメを整える |

| 材　料 | 日本酒　50ml<br>精製水　50ml |

| 使い方 | 材料を混ぜ合わせ、洗顔後の肌につける。 |

| 保　存 | 冷蔵で2週間。 |

日本酒は保湿力が高く、肌をしっとりとさせ、キメを整えてハリのある肌にする効果がある。
私はお酒をあまり飲めないので、日本酒をいただくと料理に使ったり、化粧水や入浴剤（73ページ）などに活用している。

## にがり化粧水

| 効　果 | 保湿／肌荒れ予防・改善 |

| 材　料 | にがり（液体）　2〜3滴<br>精製水　　　　　100ml |

| 使い方 | 材料を混ぜ合わせ、洗顔後の肌につける。または乾燥が気になるとき、肌にスプレーする。 |

| 保　存 | 冷蔵で2週間。 |

にがりは海水から塩を作るときにできる液体のことで、ミネラルが豊富に含まれている。アトピーや敏感肌の人、肌の乾燥を感じたときなどに使うと良い。にがりは豆腐を作るとき以外にも、味噌汁やごはんを炊くときに少量加えたり、入浴剤代わりに数滴入れて利用できる。

化粧水

# 木酢液（竹酢液）化粧水

| 効 果 | かゆみ／殺菌（ニキビ予防）／皮膚細胞の再生 |

材 料　木酢液（または竹酢液）　小さじ１
　　　　精製水　　　　　　　　　200ml
　　　　（好みでグリセリン 小さじ２を入れても）

使い方　材料を混ぜ合わせ、洗顔後の肌につける。

保 存　冷蔵で２週間。

木酢液とは木炭を作る過程で生じる液体のことで、木材由来の有機酸など200種類以上の成分が含まれているといわれている。虫除けの効果や、成分に炎症やかゆみを抑える働きがあり、アトピー性皮膚炎や乾燥肌、敏感肌の症状を軽減する効果があるそう。
我が家では、家庭菜園の自然農薬や入浴剤としても利用している。

## 大根化粧水

**効　果**　消炎（ニキビケア）／殺菌（ニキビ予防）／皮脂ケア

**材　料**　すりおろした大根　大さじ1

**作り方**　大根をすりおろし、布巾などに包んで汁をしぼる。
**使い方**　洗顔後の肌、またはニキビや脂っぽい部分につける。

大根おろしに含まれる酵素には消炎・殺菌や余分な皮脂を分解し、ニキビの予防・ケアや肌を清潔に保つ効果がある。毎年家庭菜園で大根を作っているので、冬の間は調理するだけでなく、風邪のひきはじめやのどが痛いときは薬代わりにも利用している。

## きゅうり化粧水

**効　果**　日焼けケア／消炎（ニキビケア）／美白

**材　料**　きゅうり　1/2本分、焼酎　大さじ1
　　　　　グリセリン　小さじ2

**使い方**　1　きゅうりをすりおろし、布巾でしぼる。
　　　　　2　液に材料を加えて混ぜ、しぼり汁の5倍程度の量の精製水で薄めて洗顔後の肌につける。

**保　存**　冷蔵で1週間。

きゅうりには消炎・鎮静作用があり、日焼け後の肌のほてりや赤みを鎮める効果がある。
我が家では、家庭菜園で収穫し損ねて大きくなってしまったものを利用して作っている。手足などにも使える。

化粧水

# 玉ねぎの皮化粧水

| 効　果 | 肌荒れ／美白／殺菌（ニキビ予防） |

材　料　玉ねぎの皮　　1個分
　　　　精製水　　　　150ml
　　　　焼酎　　　　　大さじ1 ┐
　　　　グリセリン　　小さじ2 ┘A

作り方　1 玉ねぎの皮と精製水を鍋に入れ、2～3分煮出す。
　　　　2 液を濾し、Aを加えて混ぜる。
使い方　洗顔後の肌につける。

保　存　冷蔵で2週間。

玉ねぎの皮には、中身の白い部分よりも多くの栄養成分や強力な抗酸化作用のある色素成分が含まれていて、ダイエットやデトックス、健康茶としても注目されている。我が家も家庭菜園で育てているので、たくさん出る皮はストックしておき、草木染めの材料として利用したり、お茶や味噌汁を作るときに少量加えたりしている。

## りんごの皮化粧水

| 効果 | 肌荒れ／毛穴ケア／消炎（ニキビケア） |

材料　りんごの皮　　1個分
　　　焼酎　　　　　200ml
　　　精製水　　　　100ml ⎫
　　　グリセリン　小さじ2 ⎬ A
　　　　　　　　　　　　 ⎭

作り方　密封容器にりんごの皮を入れて焼酎を注ぎ、1日おく。

使い方　大さじ1を取り分けAを加えて混ぜ、洗顔後の肌につける。

保存　焼酎漬け…冷暗所で1年。
　　　化粧水…冷蔵で2週間。

りんごの成分には、キメが粗くなった肌やニキビ跡をケアしたり、ニキビの炎症を抑えたり、毛穴の黒ずみを消す効果がある。
また、香りには心を落ち着かせる働きもあるそう。

# 乳液・美容液・クリーム

乳液や美容液、クリームは、洗顔後の肌や乾燥した肌を保湿するためのものです。化粧水に近い水っぽいもの、ジェル状のもの、油分が多いものなど様々な種類があります。保存料などの添加物が入っていないので、市販品に比べて日持ちはしませんが、好みの素材や形状でできるのが手作りのメリットです。

慣れてきたら、精製水を植物エキス（46ページ）に代えて作ったり、最後に精油を数滴加えるなどして、自分に合ったものを作ってみてください。

## シンプル乳液

> 乳液

| 効果 | 保湿 |
|---|---|

| 材料 | 精製水 | 100ml |
|---|---|---|
| | ごま油（または好みのオイル） | 大さじ1 |
| | グリセリン | 小さじ1 |

**作り方** 精製水とグリセリンを混ぜ、ごま油を少しずつ足してよく混ぜる。

**使い方** 直前によく振ってから使う。
化粧水をつけた後の肌や、乾燥が気になる部分につける。

**保存** 冷蔵で1ヵ月。

乳化剤が入っていないためそのままおいておくと分離した状態になるので、直前によく振ってから使う。（ドレッシングのようなイメージ）
私は、その都度ごま油と水を直接手に取り混ぜて肌につけているが、毎回用意するのが面倒なら乳液にしておけば、すぐに使えて便利。

乳液・美容液・クリーム

# 植物性乳化ワックスの乳液

効果　保湿

材　料　精製水（クリーム状にする場合は50ml）　100ml
　　　　ごま油（または好みのオイル）　　　　　大さじ1
　　　　植物性乳化ワックス　　　　　　　　　　小さじ1

作り方　1 乳化ワックスとごま油を合わせたもの、精製水をそれぞれ別の容器に入れて、湯せんにかける。
　　　　2 乳化ワックスが溶けたら、よくかき混ぜる。
　　　　3 2に精製水を半量加えてよく混ぜる。
　　　　4 白濁したら、残りの精製水を加えてよく混ぜる。
　　　　5 とろみがついてきたら容器に移し、冷めたら完成。
　　　　（冷めると少し硬くなるので、柔らかめでOK）

使い方　化粧水をつけた後や、乾燥が気になる部分につける。

保　存　冷蔵で1ヵ月。

*1*

乳液やクリームは、水と油を乳化させたもの。植物性乳化ワックスは植物由来の原料から作られた乳化剤で、水と油を乳化させるつなぎの働きをして肌になじみやすくするため、なめらかな乳液やクリームが作れる。
ほかの乳化剤に比べて安全性が高い素材といわれ、水に5％の割合で加えると乳液に、10～20％の割合で加えればクリーム状になる。

乳液・美容液・クリーム

美容液

## アロエ美容液

| 効 果 | 保湿／殺菌（ニキビ予防）／肌の再生・修復／肌荒れ |

**材 料** アロエの葉　1枚
　　　　焼酎　　　200ml

**作り方**
1. アロエの葉を洗ってとげを取り、皮をむいてゼリー状の部分を1cm角に切る。
2. 密閉容器に入れ、焼酎を注ぎ1週間おく。

**使い方** 1回分としてひと切れを取り出し、すりつぶしてから肌につける。

**保 存** 冷暗所で1年。

アロエの成分にはコラーゲンの生成を促し、肌を若返らせる効果があり、肌荒れを総合的にケアできる万能の植物。鉢植えで簡単に育てられるので、一株あると便利。我が家でも鉢植えのアロエを食用や薬用、美容用として利用している。この美容液のエキスで化粧水（52ページ）も作れる。

## レモン（ゆず）はちみつ美容液

| 効 果 | 保湿／美白／肌荒れ |

材 料　レモン（または、ゆず2〜3個）　1個
　　　はちみつ　　　　　　　　　　　適量

作り方　レモン（ゆず）を輪切りにして瓶などに入れ、ひたひたに浸かるまではちみつを加えて1日おく。

使い方　洗顔後、化粧水をつけた後の肌に上澄み液をつける。

保 存　冷蔵で2〜3ヵ月。

はちみつで保湿、レモンに含まれるビタミンCで美白効果がある。我が家では、もともと中のレモン（ゆず）を食べたり、はちみつをお湯割りにしてのどが痛いときに飲んだりするために作っていたが、美容にも併用するようになった。
肌につけると多少べたつきがあるので、主に寝る前のケアとして利用している。

乳液・美容液・クリーム

## ゆずの種美容液

**効果** 保湿／肌の修復／シミ／しわ／くすみ

**材料** ゆずの種　3個分
　　　　焼酎　　　適量

**作り方** ゆずの種を洗わずにそのまま密閉容器に入れ、ひたひたに浸かるまで焼酎を注いで1週間おく。（種も焼酎もその都度つぎ足してOK）

**使い方** かき混ぜてトロリとジェル状になった液を取り分け、化粧水をつけた後の肌に塗る。

**保存** 冷暗所で1年。

種の表面にあるペクチンというジェル状の成分には保湿、保水効果があり、美容液として力を発揮する。焼酎を多めにすれば、化粧水（50ページ）として使える。我が家では毎冬、ゆずが手に入るとこの焼酎漬けを作り、化粧水や美容液にして一年中利用している。

# みつろうクリーム <sub>クリーム</sub>

| 効 果 | 保湿／肌を柔軟にする／肌の保護／抗菌 |

材 料　みつろう　　　　　　　　　　小さじ1
　　　　ごま油（または好みのオイル）　小さじ5

作り方　1　材料を合わせ、湯せんにかける。
　　　　2　みつろうが溶けたらよくかき混ぜ、熱いうちに容器に移して冷めて固まったら完成。（うまく混ざらなかったり仕上がりが気に入らなければ、再度湯せんにかけて作り直す）

使い方　化粧水をつけた後や、乾燥が気になる部分につける。

保 存　冷暗所で2〜3ヵ月。

みつろうは、みつばちが巣作りするときに出す分泌液（ワックス）。柔らかいクリームにしたければ、みつろうの量を少なめにしてオイルを多めにする。最後に精油を加えれば、練り香水や虫除けクリームにもなる。

乳液・美容液・クリーム

# ワセリンクリーム

効果　保湿／傷の保護

材料　ワセリン　　　　　　　　　　小さじ5
　　　ごま油（または好みのオイル）　小さじ1

作り方　1　ワセリンにごま油を加え、湯せんにかける。
　　　　2　ワセリンが溶けたらよく混ぜ、冷めたら完成。
使い方　化粧水をつけた後や、乾燥が気になる部分につける。

保存　常温で1年。

ワセリンは石油由来の物質だが安全性が高いといわれ、軟膏やリップクリーム、ハンドクリームなどの原料にも使われている。赤ちゃんや乾燥肌の人、アトピー性皮膚炎などの保湿剤としてもよく利用される。
ワセリン単独でも使用できるが、オイルを少し混ぜることで柔らかいクリーム状になり、肌につけやすくなる。

# その他のケア

　スキンケアというと顔のイメージが強いですが、身体のほかの部分でも肌荒れや乾燥などのトラブルが起きるため、ケアをしてあげることで肌の状態が良くなります。
　身体は、衣類で覆われている部分と肌が露出している部位によって環境が違うため、それぞれの肌の状態を見極めて、適切なケアを心がけてください。

# 入浴剤

自家製の入浴剤は、素材の成分が穏やかに効くことで、健康や美容に対する効果が期待できます。

入浴剤に使える素材はたくさんありますが、中でも量が多く一度に食べ切れないものや調理後に残ったもの、残り湯を洗濯や掃除などに使えるものなどを選んでみました。

身近な素材で入浴を楽しんでみてください。

使い方　・湯船…湯を張った状態。
　　　　　浴槽…湯を張る前の状態。

## しょうが風呂

**効果**　美肌／保温／殺菌／むくみ

**材料**　しょうが（生または乾燥）
　　　　生……30g
　　　　乾燥…10g

**作り方**　生…薄切りにする。
　　　　　乾燥…薄切りにしてカラカラになるまで天日干しする。

**使い方**　生…布に包んで湯船に入れる。
　　　　　乾燥…布に包んで浴槽に入れる。

**保存**　乾燥させたものは、密封容器に入れて1年。

しょうがは身体を温める効果が高く、発汗作用によるむくみ解消やダイエット、汗とともに老廃物が出るのでデトックスにもなる。
我が家では、寒い時期の冷え対策として毎日少しずつみそ汁やお茶などにすりおろして入れたり、乾燥させた粉末を加えて飲んだりと、身体の中から温めるようにしている。しょうがを栽培していれば、葉も入浴剤に使える。

入浴剤

# 緑茶風呂

| 効　果 | 美肌／殺菌／日焼けケア／あせも／消臭 |

材　料　緑茶の出がらし（ほかのお茶でもOK）
　　　　200～400ml

使い方　鍋で濃いめに煮出した出がらしを、湯船に加える。

緑茶に含まれるタンニンは炎症を鎮める働きがあり、昔からやけどの薬にも使われてきた。日焼け後や敏感肌の人向きの入浴剤。
お茶には水道水の塩素の刺激で肌がピリピリするのをやわらげる効果もあるので、私は赤ちゃんの沐浴にも出がらしを残して利用していた。出がらしの方が一番茶よりカフェインも肌への刺激も少ないので、赤ちゃんや肌の弱い人でも安心して使える。

## 塩風呂

| 効　果 | 美肌／発汗／殺菌 |

材　料　天然塩　1/2カップ

## 日本酒風呂

| 効　果 | 美肌／保温／保湿 |

材　料　日本酒　200ml

使い方　それぞれの素材を湯船に加える。

天然塩には、発汗作用で血行を良くしたり、雑菌を落とし肌を清潔に保つ働きがある。
汗を出して身体をすっきりさせたいときなどに、塩を入れた湯船でゆっくり半身浴すると良い。

日本酒に含まれる成分には保湿効果があり、肌のキメを整えながら水分の蒸発を防ぎ、血管を拡げて血液の流れを良くする働きがある。
私は、日本酒を主に調味料やお風呂などに使っている。身体がよく温まり湯上がりの肌もしっとりするので、冬の時期に好きな入浴剤。

入浴剤

# 重曹風呂

| 効　果 | 美肌／角質ケア／消臭 |

材　料　重曹（食用）　1/2カップ

使い方　重曹を湯船に入れて混ぜ溶かす。

アルカリ成分が角質化した細胞を柔らかくしてくれるので、重曹を含む温泉に入ると肌がすべすべになるといわれている。また、肌への刺激をやわらげる効果もあるので、日焼け後の肌や敏感肌にもおすすめ。重曹は自然派の掃除や洗濯でもよく使われる素材で、残り湯はそのまま風呂掃除や洗濯にも使えて便利。
我が家も、掃除や洗濯で使うついでに美容にも活用している。

## 重曹バスボム（発泡入浴剤）2〜3回分

| 効果 | 疲労回復／肌の清浄／血行促進 |
|---|---|

| 材料 | 重曹（食用）　1/2カップ、クエン酸　1/4カップ<br>片栗粉　大さじ2、水　少々（固さに応じて加減） |
|---|---|

| 作り方 | 1　ボウルに重曹、クエン酸、片栗粉を入れてよく混ぜる。<br>2　（好みで）精油10滴程度を加えてよく混ぜる。<br>3　水をスプレーなどで少しずつ足して、少し湿った（手で握ると固まるくらいの）状態にする。<br>4　型で押さえて形を作るか、手で丸める。<br>5　半日ほど乾燥させた後、型から外して完成。 |
|---|---|

| 保存 | 冷暗所で1週間。 |
|---|---|

重曹とクエン酸が、水と反応して発泡することを利用した入浴剤。水分が多すぎると作っている最中に発泡してしまうので、スプレーなどを利用して少しずつ足すのがポイント。
香りが欲しい場合は、好みで精油を加えても。

入浴剤

# 酢風呂

| 効　果 | 美肌／殺菌／疲労回復／かゆみ |

材　料　酢（りんご酢など）　200ml

使い方　酢を湯船に加える。

酢には身体の疲労物質を分解する働きや殺菌効果があり、疲れを取りたいときや汗をかく季節、身体のにおいが気になるときなどにおすすめの入浴剤。
我が家では庭にあるハーブなどの薬草を酢に漬けてドレッシングにしたり、入浴剤やリンス代わりにも利用している。

# 大根の葉風呂

| 効 果 | 保温／婦人病／神経痛 |

材 料　乾燥させた大根の葉　1本分

作り方
使い方　水洗いした大根の葉を、天日干しして乾燥させる。
鍋で煮出した液、または乾燥したものを布に包んで、浴槽に入れる。

保 存　密閉容器や紙・布袋に入れて、風通しの良い場所で1年。

大根の葉を干して作る入浴剤は、古くから冷えを予防する知恵として伝えられてきた。身体の芯まで温まるので、寒い時期に重宝する入浴剤。
家庭菜園で大量に採れるので、干して保存し、ふりかけや味噌汁の実にもしている。

入浴剤

# しそ風呂

| 効果 | 美肌／アトピー性皮膚炎／保温／殺菌 |

**材料** 青じそまたは赤じその葉、茎
　　　　生葉…30g
　　　　乾燥…10g

**作り方** 生葉…粗く刻む。
　　　　　乾燥…風通しの良い日陰で干す。
**使い方** 鍋で煮出した液を浴槽に入れる。または、
　　　　　生葉…布に包んで、湯船に加える。
　　　　　乾燥…布に包んで、浴槽に入れる。

しそは敏感肌やアトピー性皮膚炎、花粉症などのアレルギー症状を改善する効果があるといわれている。栽培も簡単でほとんど手をかけずに育つので、家庭菜園におすすめ。
我が家でも庭や畑でこぼれ種から毎年勝手に生えてくるので、料理や飲みもの、化粧水や入浴剤などにして利用している。

## みかんの皮風呂

| 効果 | 美肌／保温／リラックス |

材料　みかんの皮　2〜3個分

使い方　天日干しして乾燥させ、布で包んで浴槽に入れる。

みかんの皮を干したものは漢方では「陳皮（ちんぴ）」と呼ばれ、咳を鎮めたり、風邪薬やのどの痛み止めなどに利用される。入浴剤に使うと、肌に潤いを与えたり血行を良くして身体を温める効果がある。

## ゆずの皮風呂

材料　ゆずの皮　2〜3個分

実を丸ごと入れるゆず湯が一般的だが、皮だけでもビタミンCが多いので美肌効果が期待でき、精油成分が血行を促進して新陳代謝を促してくれる。
我が家では、果汁をゆず酢やポン酢として利用し、皮は薬味や入浴剤に、種は化粧水や美容液にと、残さずに活用している。

入浴剤

# ハーブ風呂

効果
- ラベンダー（花／茎／葉）
  …………………安眠／疲労回復
- カモミール（花）
  ………保湿／安眠／肌トラブル全般
- ローズマリー（花／茎／葉）
  …………美肌／疲労回復／消臭
- ミント（葉／茎）
  ………保温／疲労回復／血行促進
- タイム（花／葉／茎）
  …………消臭／殺菌／疲労回復
- レモンバーム（葉／茎）
  ……安眠／外傷／アレルギーの緩和

材料　好みのハーブ
　　　生葉…30g
　　　乾燥…10g

作り方　生葉…適当な大きさに刻む。
　　　　乾燥…風通しの良い日陰に干して乾燥させる。

使い方　生葉…布に包んで湯船に入れる。
　　　　乾燥…布に包んで浴槽に入れる。

ハーブは、薬用や美容用に古くから世界中で利用されてきた。香りが良く肌にやさしいのが特徴で、入浴剤に使われるものも多い。ほとんどが丈夫で簡単に栽培できるので、家庭菜園で育ててみよう。
我が家でも何種類か育てていて、春〜秋は主に生葉を、生葉がない季節には乾燥させたものを利用して、一年中楽しんでいる。

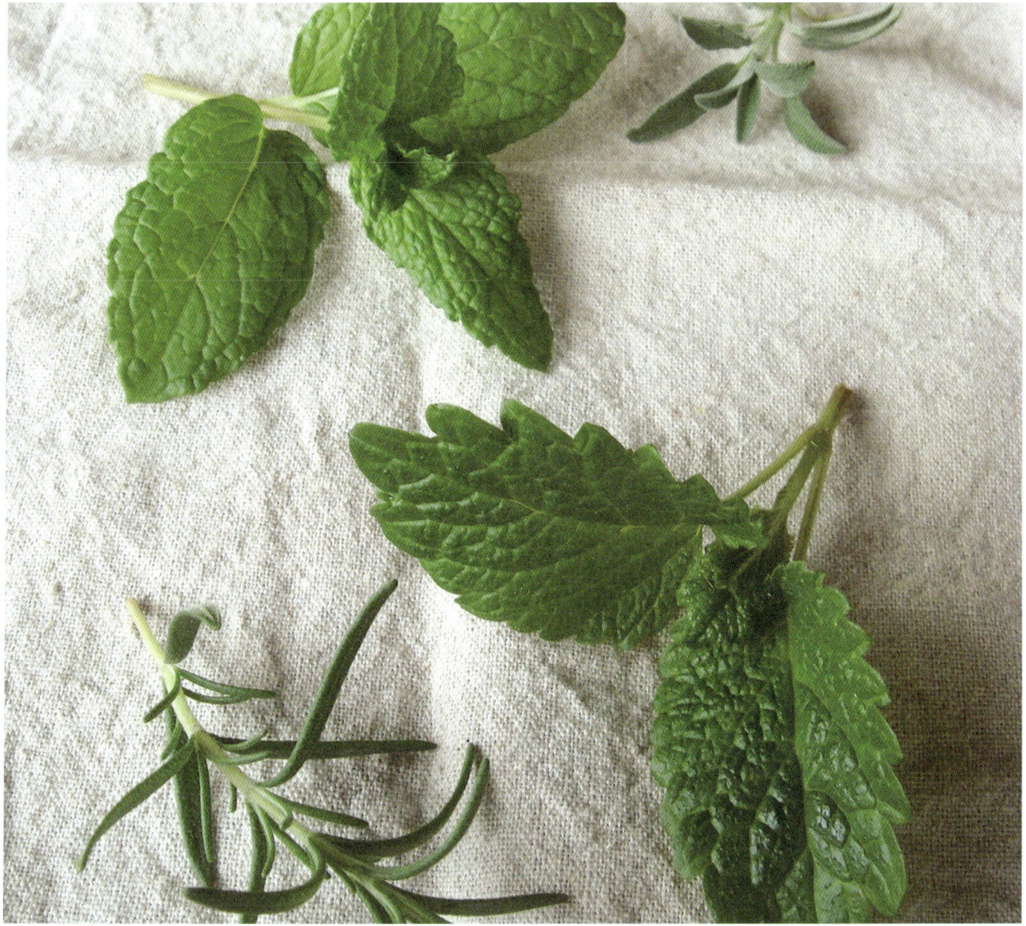

入浴剤

# 椎茸風呂

| 効　果 | 保温／皮膚疾患 |

材　料　乾燥させた椎茸　2〜3個

作り方　天日干しして、カラカラになるまで乾燥させる。
使い方　乾燥した椎茸を浴槽に入れる。
　　　　または椎茸のもどし汁を湯船に加える。

椎茸は漢方でも昔から不老長寿の薬として珍重され、様々な病気の治療に使われてきた。椎茸の成分には新陳代謝や皮膚の再生機能を高める働きがあり、ニキビやひび、肌荒れや傷の後遺症などに効果があるといわれる。園芸店やホームセンターなどでほだ木を購入すれば、家庭菜園よりも手軽に原木椎茸が栽培できる。
きのこ類は傷むのが早いので、すぐに食べきれない分はザルに広げて干して保存すると良い。

# 春菊風呂

| 効　果 | 美肌／保温／神経痛／安眠 |

材　料　乾燥させた春菊　10g

作り方　葉や茎を風通しの良い日陰に干して乾燥させる。
使い方　乾燥したものを布に包み、浴槽に入れる。

春菊は菊に似た独特の香りがあり、香りの成分にはリラックスや安眠、疲労回復効果があるといわれている。栄養成分も多く、抗酸化作用がある成分も含まれ、食べても美容やアンチエイジング効果が期待できる。
また、アクが少なく生でも食べることができるので、我が家ではほかの野菜や果物と合わせてジュースにしたり、ハーブティーにして飲んでいる。家庭菜園でたくさんできて食べきれないときは、干して入浴剤にも利用している。

入浴剤

## よもぎ風呂

| 効果 | 美肌／保温／リラックス／肌トラブル全般 |

材料　よもぎ（葉、茎）　生葉…30g
　　　　　　　　　　　　乾燥…10g

作り方　生葉…葉や茎を摘み取る。
　　　　乾燥…風通しの良い日陰に干す。
使い方　生葉…布に包んで湯船に入れる。
　　　　乾燥…布に包んで浴槽に入れる。

よもぎの葉に含まれる精油成分は、湿疹やあせもなどの肌トラブルを改善する働きがある。我が家も庭先で育てており、4〜5月ごろ先の方の柔らかい若葉を食用に、硬い茎や夏〜秋に成長したものを入浴剤や化粧水などに利用している。

## どくだみ風呂

| 効果 | 美肌／殺菌／肌トラブル全般 |

材料　どくだみ（地上部）　生葉…30g
　　　　　　　　　　　　　乾燥…10g

作り方　生葉…適当な大きさに刻む。
　　　　乾燥…風通しの良い日陰に干す。
使い方　生葉…布に包んで湯船に入れる。
　　　　乾燥…布に包んで浴槽に入れる。

どくだみは繁殖力が強く、地上部だけ刈り取り地下茎を残しておけば、再び繁殖して長く収穫できる。
我が家の庭にもたくさん生えるので、お茶や化粧水、入浴剤のほか、生の葉をもんで虫刺されなどで腫れたときや傷の殺菌にも利用している。

## 運動と美容

きれいな肌は、身体の中から作られます。
スキンケアで肌を整えることは大切ですが、まずは睡眠と食事、運動の3つで身体の中から美しさを作ることが、遠回りのようで一番の近道といえます。
食事や睡眠は意識しなくても誰でも行うものですが、運動については忙しくて時間が取れず、ほとんど行わずに過ごしている方もいるのではないでしょうか。

私も、子育て中ということもあって普段なかなか外に出て運動をすることができません。そこで、家の中での家事を運動代わりに行っています。
まずほうきとぞうきんを使って掃除をし、たらいと洗濯板で洗濯、庭に設置した雨水タンクから毎日水を汲んでトイレの水に使ったりと、自分の手足を使ってひと昔前の暮らし方を取り入れることにしました。
毎日の家事であれば習慣となり、定期的に続けられます。遊びの延長で子どもたちも巻き込んでぞうきんがけ競争をしたり、私が洗濯をする横でたらいを使って水遊びをさせたりしながら、身体を動かしています。
買い物をするときも、運動を兼ねて自分の足で行ける範囲の商店街へ歩いて行くようにしています。

運動をすると血行が促進されて筋肉がつき、基礎代謝や新陳代謝が上がることでやせやすい体質になったり、リラックスやリフレッシュ効果など様々な効能があるそうです。

## ヘアケア

髪も肌と同様にたんぱく質からできていて、紫外線や乾燥などの刺激や生活習慣、食生活の影響を受けています。

髪の傷みや頭皮のトラブルがある人は、お手入れをしてダメージの予防や改善をしてみてください。

シャンプー

## 大豆の煮汁シャンプー

効果　美髪／保湿／フケ予防

材料　大豆（乾燥）　1カップ

作り方　乾燥大豆を3倍の水に一晩漬け、そのまま火にかけて柔らかくなるまで煮る。
（煮た大豆は取り出して調理に使う）

使い方　煮汁を洗面器に入れて髪を浸してなじませ、頭皮をマッサージした後、洗い流す。

保存　冷蔵で1〜2日。

大豆の煮汁に含まれるサポニンという成分は石けんのような働きをするため、髪や頭皮の汚れを落としてくれる。煮汁はシャンプーや洗剤代わりにも使われてきた。
煮汁には栄養成分が多く含まれているので、我が家では大豆の煮汁を味噌汁やスープ、煮物などのダシとして使い、残りをシャンプーや洗剤に利用している。

ヘアケア

## 米のとぎ汁＆麺のゆで汁シャンプー

**効 果** 美髪／保湿／髪のツヤ

**材 料** 米のとぎ汁、または麺のゆで汁　適量

**使い方** 米のとぎ汁、または麺のゆで汁を洗面器に入れ（冷たければ少しお湯を足す）、髪を浸してなじませ、頭皮をマッサージした後、洗い流す。

**保 存** 冷蔵で1～2日。

米のとぎ汁や麺のゆで汁に含まれるでんぷんは髪や頭皮の汚れを落とし、とぎ汁の米ぬか成分とゆで汁の小麦粉の成分は、保湿や髪にツヤを与える効果がある。
我が家では、とぎ汁やゆで汁を洗剤代わりにして食器を洗ったり、洗顔や庭の植物の水やりにも使っている。

# 塩シャンプー

**効 果** 美髪／消臭／かゆみ／フケ予防

**材 料** 天然塩　大さじ1

**使い方** 天然塩に水大さじ1を加えて混ぜ、髪全体になじませて頭皮をマッサージした後、洗い流す。

髪や頭皮のトラブルは洗い過ぎが原因ということも多いそう。塩での洗髪は、頭皮を正常に保つ常在菌は落とさずに汗や皮脂、垢などのタンパク質の汚れを落とすことができるので、普段のシャンプー代わりにおすすめ。
我が家は、石けんのシャンプーは週に1～2回程度で、それ以外は塩や米のとぎ汁、重曹を使って洗髪している。

ヘアケア

# 重曹シャンプー

**効果** 皮脂ケア／フケ予防／消臭

**材料** 重曹（食用） 1/4カップ
（髪の長さに応じて加減）

**使い方** 重曹を手に取り、濡らした髪や頭皮にすり込んでマッサージした後、洗い流す。

重曹には髪や頭皮の余分な皮脂を吸収して、髪や頭皮のベタつきやフケを取り除く効果がある。洗い上がりの髪がきしむ場合は、酢でリンス（92ページ）をすると、きしみを抑えることができる。
たくさん汗をかいたり髪がベタつくとき、髪や頭皮をさっぱりとさせたいときに利用している。

# 片栗粉ドライシャンプー

| 効　果 | 皮脂ケア／消臭 |

材　料　片栗粉　1/4カップ
　　　　（髪の長さに応じて加減）

使い方　片栗粉を髪や頭皮に振りかけてなじませた後、ブラシで落とす。

片栗粉には、髪や頭皮の余分な脂を吸収して取り除く効果がある。キャンプや登山など、水が使えないときに便利。犬などのペットのシャンプーに使っても。
まわりに片栗粉がこぼれるので、片付けしやすい場所で行うと良い。

ヘアケア

# 酢リンス

リンス

| 効 果 | アルカリ成分の中和／かゆみ |

**材 料** 酢　200ml（好みでハーブひとつまみ）

**作り方** 酢に好みのハーブ（生または乾燥）を加えて、1週間おく。

**使い方** 洗面器1杯分のお湯に大さじ1を加えて、洗髪後の髪を浸してなじませた後、すすぐ。

**保 存** 冷暗所で1年。

酸性の酢がシャンプーや石けんのアルカリ成分を中和する。殺菌力もあるので、頭皮を清潔に保つ効果も。酢だけでもリンスできるが、ハーブを少量加えるとにおいがやわらぎ、抜け毛予防や髪の健康を保つ効果などがある。酢は、比較的においが穏やかなりんご酢などの果実酢が使いやすい。
我が家では、ハーブを漬けた酢をドレッシングやサワードリンクなどにも利用している。

# 緑茶リンス

| 効　果 | 皮脂ケア／殺菌 |

**材　料**　出がらし　400ml

**使い方**　出がらしを冷まし、洗髪後の髪や頭皮になじませる。（洗い流さない）

お茶の成分が余分な皮脂を取り除き、頭皮を殺菌して清潔に保つ働きがある。出がらしを入浴剤に利用し、残り湯でリンスをしても。
麦茶や烏龍茶、紅茶、ハーブティーなどでも同様にリンスとして使うことができる。

ヘアケア

# ほうれん草のゆで汁リンス

| 効　果 | 皮脂ケア／髪のツヤ／フケ予防 |

材　料　ほうれん草のゆで汁　適量

作り方　よく洗ったほうれん草を丸ごとゆで、ゆで汁を冷ましておく。

使い方　洗髪後の髪や頭皮になじませてマッサージした後、洗い流す。

ほうれん草のゆで汁には栄養成分が溶け出していて、髪にツヤを与える効果や、サポニンという成分の洗浄作用で皮脂を分解したりフケを予防する効果がある。ほかの青菜のゆで汁も同様に使える。洗顔や、入浴剤として利用しても。
我が家では、ゆで汁を掃除の汚れ落としや庭の植物の水やりにも使っている。

パック・ジェル

# はちみつヘアパック

効 果　髪のツヤ／髪の傷み補修／髪を明るくする

材 料　はちみつ　大さじ2〜3

使い方　洗髪後に髪や頭皮によくすりこんで（さらに蒸しタオルで髪を包むと良い）、10分ほどおいてから洗い流す。

はちみつには、潤いを保ちながら髪に栄養を与える効果がある。穏やかな漂白作用があるといわれているので、髪の色を自然に明るくしたい人は試してみては。
紫外線でパサパサになった髪などにもおすすめ。

ヘアケア

# 黒糖ヘアパック

**効 果**　髪のツヤ／髪の傷み補修

**材 料**　黒糖　大さじ2〜3
　　　　　水　　　大さじ1

**作り方**　鍋に材料を入れて、さっと煮溶かす。
**使い方**　洗髪後に髪や頭皮によくすりこんで（さらに蒸しタオルで髪を包むと良い）、10分ほどおいてから洗い流す。

**保 存**　冷蔵で1〜2日。

黒糖に含まれる豊富なミネラルが髪に栄養を与え、自然なツヤのあるサラサラの髪にしてくれる。はちみつは明るめの髪にしたい人に、黒糖はツヤのあるきれいな黒髪にしたい人に向いている。
私は、いただきものの和菓子についている黒蜜が余ったり黒蜜を作って少し残ったときに、ヘアパックに利用している。

# ゼラチンヘアジェル

| 効 果 | 髪のツヤ／髪をまとめる |

材 料　ゼラチン　小さじ1
　　　　ぬるま湯　200ml

作り方　ゼラチンにぬるま湯を加え、よく混ぜ溶かす。
使い方　よく振り混ぜて、適量を手に取ってつける。

保 存　冷蔵で1週間。

ゼラチンは、動物の骨や皮などに含まれるたんぱく質を精製したもので、主にゼリーを固める材料に使われている。ゼラチンを溶かして冷ますとジェル状になり、髪にツヤを出したり、髪をまとめるときなどに便利。ベタつかず水で洗い流すことができるので、使い勝手も良い。残りを肌に塗ってパックにすると、しっとりすべすべになる。

ヘアケア

## しょうがヘアトニック

| 効果 | 殺菌／フケ予防／かゆみ／抜け毛予防／消臭 |

材料　しょうが　50g
　　　焼酎　　　200ml

作り方　皮ごと薄切りにし、焼酎に漬け込んで2週間ほどおく。

使い方　洗髪後、タオルで拭いた後の頭皮に振りかけて、よくすりこむ。

保存　冷暗所で1年。

しょうがの辛み成分には殺菌や保温の効果があり、頭皮を清潔に保ちながら血行を良くし、皮脂の分泌を安定させてフケを出にくくする。
しょうがは我が家の寒さ対策には欠かせない食材で、乾燥させるか、焼酎に漬けて保存している。中のしょうがもそのまま料理などに利用できる。

## みかんの皮ヘアローション

| 効果 | 育毛・養毛／抜け毛予防 |

材料　乾燥させたみかんの皮　2個分
　　　焼酎　　　　　　　　200ml

作り方　天日干ししたみかんの皮を焼酎に漬け込み、2週間ほどおいてから皮を取り出す。

みかんの産地では、昔からみかんの皮をお風呂に入れてそのお湯をシャンプーやリンス代わりに使っていたそう。香り成分に育毛や養毛の効果があり、育毛剤としても。ほかの柑橘類でも同様に作れる。

## アロエヘアローション

| 効果 | 育毛・養毛／フケ予防／かゆみ |

材料　アロエの葉　1枚
　　　焼酎　　　400ml

作り方　アロエを皮ごと細かく刻み、焼酎を加えて1ヵ月ほどおく。

皮脂や水分のバランスを整える働きがあり、髪と地肌を健康に保ってくれる。
中のアロエも布に包んで入浴剤にしたり、切り傷や擦り傷、やけどなどにつけて塗り薬として利用できる。

使い方　洗髪後、タオルで拭いた後の頭皮に振りかけて、よくすりこむ。
保存　冷暗所で1年。

ボディケア

## ボディケア

　肌の汚れや汗はお湯だけでもほとんど落ちるので、必ずしも石けんやボディーソープで毎日洗う必要はありません。洗い過ぎると肌の潤いや善玉菌まで落としてしまい、肌を傷める原因にもなります。

　肌の部位や季節によって皮脂の分泌量も違ってくるので、皮脂量の多い部分だけ石けんで洗ったり、ここで紹介する自然素材を利用して石けんを使う頻度を減らしたり、上手にボディケアを行ってみてください。

ボディマッサージ

## レモン(ゆず)ボディマッサージ

**効果** 黒ずみ／かさつき

**材料** レモン(またはゆず) 1切れ

**使い方** ひじやひざなどをレモン(またはゆず)でこする。

レモンはビタミンCを多く含む果物としてよく知られている。ビタミンCには、ひじやひざの黒ずみを解消する効果がある。また、食べても疲労回復や美肌効果が高いといわれている。
私は調理でしぼった後のゆずやレモンを使ってひじやひざをこすったり、残った皮は乾燥させて、入浴剤や虫除けなどにも活用している。

101

ボディケア

# みかんの皮ボディマッサージ

| 効果 | 角質除去／肌のざらつき |

材料　みかんの皮　1個分

使い方　みかんの皮の外側（オレンジ色の部分）や切り口の部分で、ひじやひざなどをこする。

みかんの皮に含まれる油分が、古くなった角質を取り除く効果がある。果実だけでなく皮の部分にも栄養が多く含まれているそう。
私は乾燥して硬くなったひじやひざをこすったり、冬以外にも使うために残りは乾燥させて保存している。ほかの柑橘類の皮でも試してみて。

# りんごの皮ボディマッサージ

**効 果**　角質除去／くすみ

**材 料**　りんごの皮　1個分

**使い方**　りんごの皮の内側（実のついている側）で肌をこすった後、洗い流す。

りんごなどの果物に含まれるフルーツ酸には穏やかなピーリング作用があり、余分な角質を取り除いて肌色を明るくしてくれる。果物にはビタミンCや酵素など、肌に良い成分が多い。
すいかやメロン、キウイ、パイナップル、ぶどう、梨、柿など旬の果物の皮もボディケアに利用してみて。

ボディケア

> ボディスクラブ

# 重曹ボディスクラブ

| 効　果 | 角質除去 |
|---|---|

| 材　料 | 重曹（食用）　大さじ2 |
|---|---|

作り方　少量の水を加えてペースト状にする。
使い方　ひじやかかとなどの肌につけてやさしくマッサージした後、洗い流す。

重曹の細かい粒子が古い角質を取り除き、ひじやかかとがガサガサになるのを防ぐ効果がある。
重曹は口に入れても害のない素材なので、子どもが生まれてから洗濯や掃除にもよく使うようになった。

## 黒糖ボディスクラブ

| 効 果 | 角質・毛穴ケア／保湿 |

材 料　黒糖　大さじ2

作り方　少量の水を加えてペースト状にする。
使い方　全身の肌につけてやさしくマッサージした後、洗い流す。

スクラブが毛穴や角質の汚れを落とし、黒糖のミネラル成分が肌に栄養や潤いを与えてくれる。
特にひじやひざ、かかとなどの古い角質を取り除き、肌を柔らかくするのに効果的。

## 塩ボディスクラブ

| 効 果 | 角質ケア／発汗／殺菌 |

材 料　天然塩　大さじ2

塩を塗ると汗が出やすくなり、血行促進や新陳代謝を高めるため痩身効果も期待できる。ただ過度に行ったり、粒が大きい塩を使うと肌を傷める原因にもなるので、週に1〜2回程度、粒子の細かいものやすり鉢で細かくすりつぶした塩を使うと良い。
肌がピリピリしたり傷があるときは、使用を控えて。

ボディケア

# 緑茶ボディスクラブ

| 効　果 | 美白／殺菌／消臭 |

材　料　緑茶（粉末、または抹茶）　小さじ1

使い方　泡立てた石けんに混ぜ、身体を洗う。

緑茶成分の殺菌や消臭の作用は、昔から生活の知恵として利用されてきた。さっぱりと洗い上げて肌を清潔に保つ効果に優れているので、緑茶を配合した石けんもたくさんの種類が市販されている。
古くなってしまった緑茶の活用法におすすめ。

# 米ぬかボディケア

| 効 果 | 美肌／保湿 |
|---|---|

材 料　米ぬか　ひとつかみ

作り方　布で米ぬかを包み、中身がこぼれないように輪ゴムで縛る。

使い方　米ぬかを入れた袋を濡らし、肌をやさしくこする。または洗面器のぬるま湯に入れてもみ出し、そのお湯にタオルを浸して肌をこする。

米ぬかは石けんと同じアルカリ性で汚れを落とす効果があり、栄養成分も豊富で肌から浸透して肌荒れを改善してくれる。刺激も少なく、どの肌質の人でも安心して使える。

私は普段、身体や顔を洗うのに米ぬかや米のとぎ汁を主に利用し、汚れやべたつきが気になるときだけ石けんで洗っている。

ボディケア

# へちまたわし

**材料** へちまの実　適量

**作り方**
1. 秋ごろに熟して硬くなったへちまの実を収穫する。
2. 水を張ったバケツなどに入れて、浮かないように上から重石をする。
3. 数日したら果肉が溶けてくるので、果肉を落としながら毎日水替えをする。
4. 果肉が全部取れて繊維だけになったら中に残った種を取り除き、天日干しして乾かし、適当な大きさに切って完成。

**使い方** ボディタオルやスポンジとして使う。

**保存** ボロボロになるまで使える。

1

2

へちまは、昔から天然のたわしとして利用されてきた。使ううちに繊維が柔らかくなって肌になじんでくる。春に苗を購入すれば庭やプランターで簡単に育てられる。夏には緑のカーテンになり、若い実は食べることもできるほか、秋にはへちま化粧水（48ページ）とたわしを作ることができる。種を保存しておけば、翌年は種から育てられる。

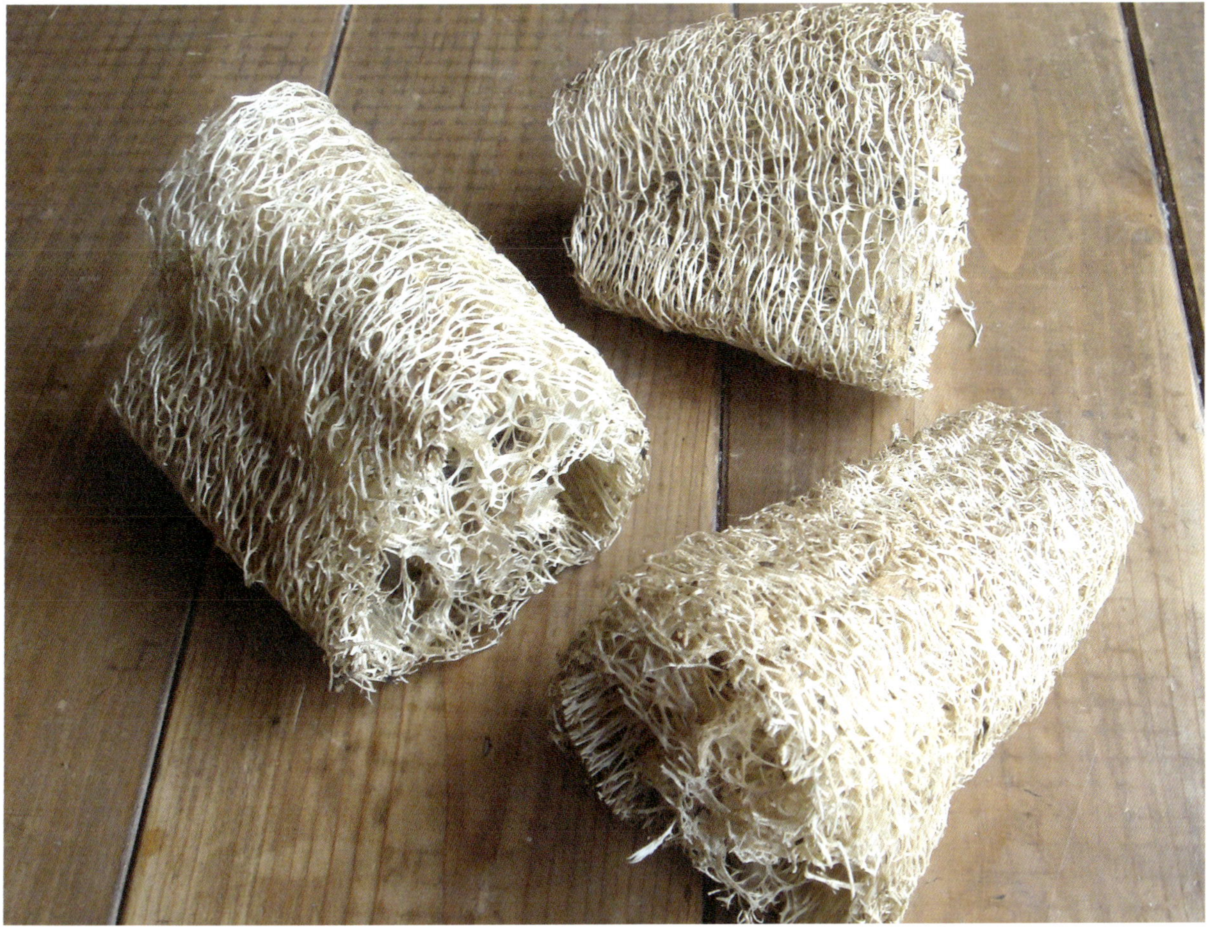

ボディケア

# ごま油ボディオイル

**効果** 美肌／保湿／肌を柔らかくする

**材料** ごま油　適量

**使い方** 手に取りなじませてから、ひじやかかとなど乾燥が気になる部分や手足などをよくマッサージした後、タオルなどで拭き取る。

私は冬に乾燥したひざやかかとと、荒れた手などをごま油で少し時間をかけて肌に浸透するまでマッサージをし、拭き取らずにそのままにしている。
継続して使っていると、荒れた肌が改善されていくのが実感できる。

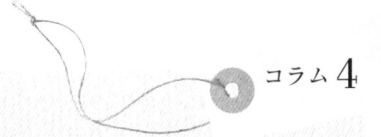

## 睡眠と美容

肌の調子を悪くする一番の原因は、寝不足です。
肌は睡眠中に生まれ変わるといわれ、夜寝ている間に6時間かけて肌や身体全体の修復が行われるため、毎日最低6時間は眠るようにしたいものです。
また、人間の身体には体内時計があり、日の出とともに起き、日没とともに眠る仕組みが本来備わっています。そのリズムに従った生活を心がけて、肌のゴールデンタイムである夜10時〜深夜2時の間に眠っていればベストです。

私はもともと朝型人間でしたが、出産後は子どもを寝かしつけた後が唯一の自分の時間ということもあり、睡眠時間を削って夜更かしをしていました。
寝不足が続いていたころ、今までにないほど肌が荒れ、風邪をひいて1ヵ月近く熱や咳が治らないことがありました。このままではいけないと思い、夜11時までには寝るようにしたところ体調も肌の状態も良くなったので、睡眠の大切さを実感しました。

もう少し子どもが大きくなったら夜は子どもと一緒に早く眠るようにして、早朝に自分の時間を作るようにしたいと思っています。

# デオドラント

身体のにおいは汗や皮脂そのものではなく、皮脂が酸化したり汗と混ざり合って雑菌が繁殖することで起こるといわれています。

皮脂分泌を過剰にしがちな肉など動物性脂肪中心の食事や不規則な生活を改善し、汗をかいたらこまめに拭きましょう。

殺菌効果のある素材を利用して雑菌の繁殖を防ぎ、快適に過ごしてみてください。

## みょうばん消臭スプレー

**効果** 消臭／制汗／殺菌

**材料** みょうばん　3g
　　　水　　　　100ml
　　　（好みでレモン 1/4個）

**作り方** 材料を混ぜ合わせ、みょうばんが溶けたら完成。
（レモンを入れる場合は、最後に果汁をしぼり入れる）

**使い方** 容器に入れて肌にスプレーする。

**保存** 冷蔵で1ヵ月。

みょうばんは、カリウムやアンモニウムなどに含まれる金属イオンが結び合ってできたものの総称で、食品添加物として漬け物の発色、アク抜き、歯切れを良くすることに使われている。水に溶けると酸性になるため、皮膚表面の雑菌の繁殖を抑えたりにおいの成分を中和して消す効果があり、世界最古の消臭剤ともいわれている。
数年前から我が家では子どもの布おむつの消臭用に使い始め、今は布巾、生ごみの消臭などにも利用している。レモンを入れることで香りが加わり、殺菌や皮脂の酸化を防ぐ効果もある。

デオドラント

# しょうが消臭スプレー

| 効果 | 消臭／殺菌 |

材料　しょうが　50g
　　　焼酎　　　200ml

作り方　焼酎にしょうがを漬けて、2週間おく。
使い方　適量を取り分けて同量の水を混ぜ合わせ、容器に入れてスプレーする。

保存　しょうがの焼酎漬け…冷暗所で1年。
　　　消臭スプレー…冷蔵で1ヵ月。

しょうがの辛み水分には、においを消したり、強力な殺菌効果がある。しょうがのしぼり汁や、薄切りにしたもので拭くだけでも効果がある。
焼酎漬けのエキスはヘアトニックとしても利用でき、頭皮にスプレーすれば殺菌効果で頭皮や髪を清潔に保つことができる。

## 酢消臭スプレー

| 効　果 | 消臭／抗菌 |
|---|---|

| 材　料 | 酢　　　　　　　　　　200ml |
|---|---|
| | ハーブ（生または乾燥）　適量 |

作り方　酢に好みのハーブを漬けて2週間おく。
使い方　適量を取り分けて同量の水を混ぜ合わせ、容器に入れて肌にスプレーする。

保　存　ハーブの酢漬け…冷暗所で1年。
　　　　消臭スプレー…冷蔵で1ヵ月。

酢の主成分の酢酸には揮発性があり、ほかのにおいを一緒に飛ばしてくれる働きもある。酢のにおいは、つけたときは気になってもしばらく経つと消える。
入れるハーブの種類によって、虫除けスプレー（128ページ）にもなる。

> デオドラント

# 緑茶消臭スプレー

| 効　果 | 消臭／殺菌 |

材　料　緑茶の出がらし（ほかのお茶でもOK）　100ml

作り方　鍋で濃いめに煮出した出がらしを、濾して冷ます。
使い方　容器に入れて肌にスプレーする。

緑茶は身近にある最も効果的な消臭剤ともいわれ、においの成分を吸着して消し、雑菌の繁殖を抑える働きがある。出がらしにも、消臭効果のある成分は残っている。私は身体だけでなく、部屋やトイレ、台所や衣類などの消臭にも利用している。

## 重曹制汗パウダー　　　　　片栗粉消臭パウダー

**効果**　消臭／制汗／殺菌

**材料**　重曹（食用）　　　　　　大さじ2
　　　　好みの茶葉やドライハーブ　小さじ1

**材料**　片栗粉　　　　　　　　　大さじ2
　　　　好みの茶葉やドライハーブ　小さじ1

**作り方**　茶葉またはドライハーブをすりつぶして粉末にし、重曹（片栗粉）と混ぜ合わせる。
**使い方**　パフにパウダーをつけて、肌にはたく。

**保存**　密封容器に入れて、常温で1ヵ月。

サラッとした感触で、においそのものを吸収して消す働きがある。重曹だけでも効果はあるが、茶葉やハーブを入れることで殺菌効果や香りが加わって、より消臭効果もアップする。

重曹のパウダーとは逆に、しっとりとした感触で肌によくなじむ。好みで使い分けてみて。私は、ベビーパウダー代わりに赤ちゃんのおむつかぶれや、あせもによく利用していた。

## マウスケア

市販の歯磨き粉は汚れを落とす力に優れていますが、口の中の善玉菌まで落としてしまうことにもなります。

唾液には強力な免疫物質が含まれているので、何もつけずに磨いても口の中を清潔な状態に保てます。穏やかに汚れを落とす自然素材を、上手に利用してみてください。

## ナスの歯磨き

| 効果 | 歯茎の引き締め／歯槽膿漏／歯の痛み／口内炎 |
|---|---|

**材料**
- ナスのヘタ　2〜3個
- 塩　　　　　大さじ1

**作り方**
1. ナスのヘタを天日干しする。（適当な大きさに切ると乾きやすい）
2. フライパンで焦げ目がつくまで、から炒りする。
3. すり鉢などで粉末にし、塩を混ぜて完成。

**使い方**　濡らした歯ブラシにつけて歯を磨く。

**保存**　常温で2〜3ヵ月。

ナスを炭化させたものは、古くから民間療法で炎症や痛みを抑える効果があるといわれ、塩漬けにしたナスのヘタを黒焼きにしたものは歯磨き粉に利用されてきた。ヘタを加熱することで炎症を抑える働きが生まれる。家庭では、手間のかかる黒焼きまではできなくても、から炒りすることで手軽に同様の効果が期待できる。
歯痛や口内炎には、ナスのヘタの粉末を少量のはちみつに混ぜて、その部位に塗ると良い。

マウスケア

## 重曹歯磨き

| 効果 | 歯の洗浄／抗菌 |

材料　重曹（食用）　　大さじ2
　　　ミント（乾燥）　小さじ1

作り方　乾燥させたミントの葉をすりつぶして粉末にし、重曹と混ぜ合わせる。

使い方　濡らした歯ブラシにつけて、歯を磨く。

保存　常温で2〜3ヵ月。

重曹の穏やかな研磨作用で汚れを落とし、歯をツルツルにしてくれる。
重曹だけでも効果があるが、ミントを入れることで香りと清涼感、抗菌作用をプラスできる。

## 重曹マウスウォッシュ

| 効果 | 口臭予防／リフレッシュ |

材料　重曹（食用）　　　　　　小さじ1
　　　水　　　　　　　　　　　100ml
　　　ミントの焼酎漬けエキス　小さじ1
　　　（またはハッカ油2滴）

使い方　重曹を水に入れてよく混ぜ、ミントの焼酎漬けエキス、またはハッカ油を加えて口内をすすぐ。

重曹が口の中のpHを整え、ミントやハッカ油が抗菌作用や清涼感を与える効果で、口の中をさっぱりさせてくれる。ミントの焼酎漬けの作り方は、122ページを参照。

## 緑茶歯磨き・マウスウォッシュ

| 効 果 | 虫歯予防／口臭予防／殺菌 |

材 料　緑茶（粉末または抹茶）　小さじ1
　　　重曹（食用）　　　　　　大さじ1

作り方　緑茶をすりつぶして粉末にし、重曹と混ぜ合わせる。

使い方　濡らした歯ブラシにつけて、歯を磨く。

保 存　常温で2〜3ヵ月。

緑茶に含まれるフッ素が歯の表面を丈夫にして虫歯予防に。使っていると歯ブラシが茶色っぽく染まってくるので、気になる人は出がらしの緑茶に歯ブラシをつけて磨いても。

私は、子どもが歯磨きをさせてくれないとき、代わりに食後にお茶を口に含ませて虫歯予防をしていた。出がらしの緑茶で口内をゆすいだりうがいをすると、口臭や風邪の予防にもなる。

上は出がらしの緑茶。左下は緑茶と重曹を合わせたもの

マウスケア

# 焼酎マウスウォッシュ

| 効 果 | 口臭予防／殺菌／リフレッシュ |

材 料　焼酎　　　　　400ml
　　　　ミント（葉、茎）　20g

作り方　密封容器に適当な大きさに切ったミントを入れ、焼酎を注いで1ヵ月おき、ミントを取り出す。

使い方　適量を取り分け、10倍ほどの水で割って口内をすすぐ。

保 存　焼酎漬け…常温で1年。

ミントは日本では「ハッカ」の名で親しまれ、世界中で古くから栽培され利用されてきた。さわやかな香りと清涼感が特徴で、料理やお菓子の材料のほか香料、歯磨き粉などによく使われている。
栽培にもほとんど手がかからず、いろいろな使い方ができるので、ぜひ家庭で育ててみて。

# 酢のうがい液

| 効果 | 殺菌／のどの痛み／風邪予防／口臭予防 |

材料　酢　大さじ1
　　　水　200ml
　　　塩　小さじ1

使い方　材料を混ぜ合わせてうがいをする。

酢と塩の殺菌効果と洗浄力を利用したうがい液。風邪の予防や、のどが乾燥したり痛いときに効果的。うがいだけでなく、酢の殺菌力でマウスウォッシュとしても使うことができる。
我が家は、風邪の流行時や子どもにうがいをさせたいとき、酢やお茶などをよく利用している。

リップケア

## リップケア

唇は角質層が薄く皮脂が分泌されないため、ほかの部位よりも乾燥したり荒れやすい。冬の寒さや乾燥、紫外線などでダメージを受ける前に上手にケアしてみてください。

### はちみつリップケア

| 効 果 | 保湿／唇を柔らかくする／傷のケア |

材 料　はちみつ　適量

使い方　はちみつを唇に塗って、その上からラップで覆い5分ほどおく。
（さらにラップの上から蒸しタオルを当てると効果的）

はちみつは保湿効果が高く、唇の荒れや乾燥を解消したり抗菌作用で炎症を抑える働きがある。少量で簡単にでき、口に入っても安心で、効果が出やすい。

# みつろうリップクリーム

| 効　果 | 保湿／唇を柔らかくする／唇の保護 |

材　料　みつろう　　　　　　　　　　小さじ1
　　　　ごま油（または好みのオイル）　大さじ1
　　　　（好みで はちみつ 小さじ1/2）

作り方　1 みつろうと油を合わせ、湯せんにかける。
　　　　2 みつろうが溶けたら湯せんからおろし、はちみ
　　　　　つを加えてよくかき混ぜる。
　　　　3 熱いうちに容器に移し、冷めて固まったら完成。
使い方　適量を唇につける。

保　存　冷暗所で2〜3ヵ月。

みつろうは自然素材コスメの材料として人気があり、クリームや軟膏、リップクリームの原料としてよく使われている。リップクリームは、大体みつろう1：オイル3の分量で作ると良い。夏場は溶けやすいので、暖かい場所を避けて保存する。

# 虫除け

庭や家庭菜園での作業時や、アウトドアや外出時には虫除けがあると便利ですが、肌にも身体にも安全な自然素材のものを使いたいものです。

手作りの虫除けは長時間続くような強力な効果は期待できませんが、子どもや敏感肌の人でも安心して使えることがメリットです。どれも簡単に作ることができるので、試してみてください。

| 効 果 | 虫除け |
|---|---|

## 木酢液の虫除けスプレー

材 料　木酢液（竹酢液）　2ml
　　　　水　　　　　　　100ml

使い方　材料を混ぜて容器に入れ、スプレーする。

保 存　冷暗所で1ヵ月。

木酢液に含まれるタンニンという成分には、虫を寄せつけない効果がある。木酢液を50倍程度に薄めたものを網戸やカーテン、服にスプレーしたり、肌に直接つける。また、室内などに原液を直接容器に入れて置いておくだけでも効果がある。（木酢液は、お風呂用などのスキンケアに使える種類を選ぶ）

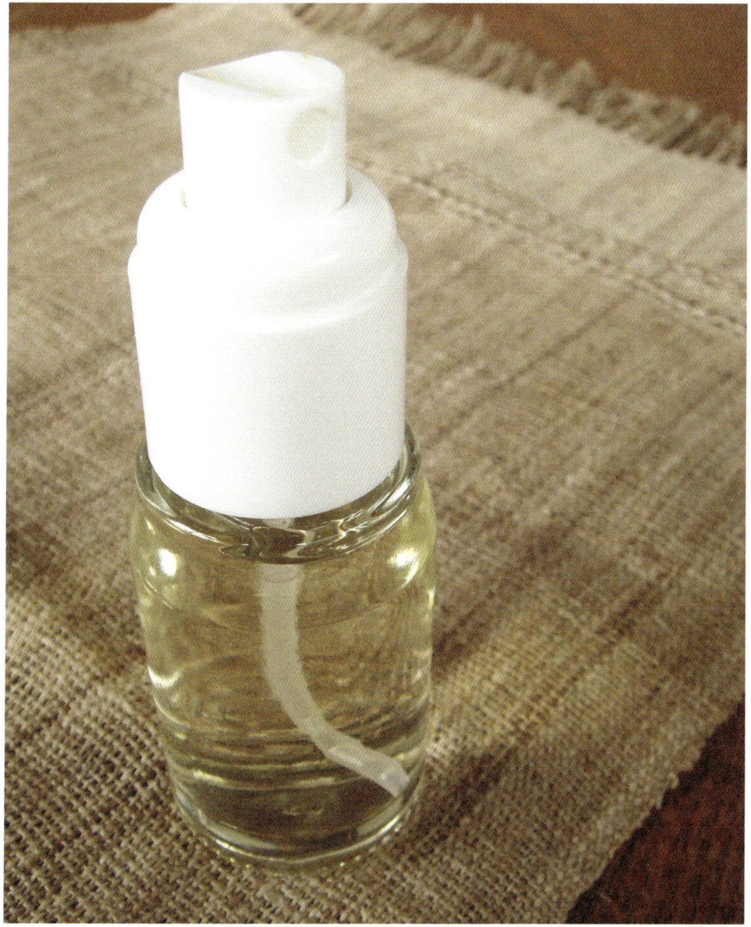

虫除け

## 酢の虫除けスプレー

**材　料**　酢　200ml
　　　　　ハーブ（ミント、レモンバーム、ローズマリー、
　　　　　ティーツリー、ラベンダーなど）　20〜30g

**作り方**　容器にハーブの葉を入れて酢を注ぎ、2週間ほど
　　　　　漬けた後、中のハーブを取り除く。
**使い方**　容器に入れて肌にスプレーする。

**保　存**　冷暗所で1年。

虫が嫌う香りを利用した虫除けだが、効果の持続時間は短いので香りが薄くなったらまめにスプレーを。
蚊以外にもアリやハチ、ゴキブリなどを避ける効果もあるので、家の中や外にスプレーしたり、紙や布に含ませて置いて使っても。
酢は、かゆみや腫れをやわらげる効果もあるので、蚊にさされた部分につけても良い。（ミントは清涼感を、ラベンダーやティーツリーは炎症を抑える効果がある）

## 焼酎の虫除けスプレー

| 材　料 | 焼酎　200ml<br>ハーブ（ミント、レモンバーム、ローズマリー、ティーツリー、ラベンダーなど）　20〜30g |
|---|---|

作り方　容器にハーブの葉を入れて酢を注ぎ、2週間ほど漬けた後、中のハーブを取り除く。
使い方　水で10倍程度に薄めて、肌にスプレーする。

保　存　焼酎漬け…冷暗所で1年。
　　　　スプレー…冷蔵で1ヵ月。

アルコールに漬け込んで植物の成分を抽出させた虫除けスプレー。アルコールは香りや成分を抽出する力が強いのが特徴。酢と焼酎はどちらも同じような効果があるが、酢のにおいが気になる人やアルコールの刺激に敏感でなければ焼酎、敏感な人や小さい子どもなどは酢を使ったスプレー、と使い分けると良い。
酢と同様、効果の持続は短いので、まめにスプレーする。

虫除け

# みかんの皮蚊取り線香

**材 料** 乾燥させたみかんの皮　1個分

**作り方** 天日干しして乾燥させる。
**使い方** 皮を燃やして煙を出す。陶器やアルミホイルなどにのせて近くに置いておく。

**保 存** 密封容器や紙・布袋に入れて、風通しの良い場所で1年。

柑橘類に含まれる香りの成分は虫が嫌うため、よく虫除けに利用される。乾燥させたみかんを燃やすことで、精油成分が揮発して虫除けの効果が期待できる。この精油成分は人体には無害なので安心。蚊取り線香のようにずっと燃え続けるわけではないが、しばらくはかすかなみかんの香りが残る。長時間使いたいときは、少し間をおいてから燃やし直す。

我が家では、蚊の予防のほか調理で火を使うときついでに燃やし、害虫予防として台所に置いている。みかんの皮を虫除けに使うようになってから、台所や室内でゴキブリに遭遇することが少なくなった。

みかんのほかレモンやオレンジ、夏みかんなどの柑橘類でも同様の効果がある。

131

虫除け

# かゆみ止めクリーム

| 効　果 | かゆみ止め |

| 材　料 | みつろう | 小さじ1 |
| --- | --- | --- |
| | ごま油（または好みのオイル） | 大さじ1 |
| | ハッカ油 | 2〜3滴 |

作り方　1 みつろうと油を合わせて湯せんにかける。
　　　　2 みつろうが溶けたら湯せんからおろし、ハッカ油を加えてよくかき混ぜる。
　　　　3 熱いうちに容器に移し、冷めて固まったら完成。

使い方　蚊にさされた部分につける。

保　存　冷暗所で2〜3ヵ月。

ハッカ油には清涼感や麻酔効果があり、つけた部分の感覚を麻痺させてかゆみを感じなくさせる効果がある。ハッカ油1〜2滴を20mlくらいの水で薄めれば、虫除けやボディローションにもなる。

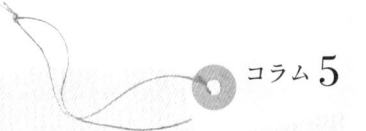

## 食事と美容

肌は内臓を映す鏡といわれるように、肌は身体の中の状態を反映しています。内臓や血管の状態が悪ければ、顔色や肌のハリ、くすみ、ニキビ、しみなどが肌に現れます。

食事で肌の状態を改善するには、ただ単に肌に良いといわれる食品や栄養素だけをたくさん摂れば良いというわけではありません。土台（普段の食事）をしっかりと固めた上で、それぞれの肌に合ったものや肌に良いといわれるものを摂ることが大切です。

その土地の気候や風土に合った食文化があり、日本では、昔からそれぞれの地域で採れる旬の食材を使って作られた和食が食べられてきました。その和食を土台にした食事が、一番日本人の身体に合った食事だといわれています。

我が家も普段、ご飯とみそ汁、漬け物を基本に家庭菜園で採れたものや、その季節に採れる旬の素材を中心に食事をしています。

我が家の子どもたちは、生まれたときから夏も冬も冷暖房のない環境で過ごしていますが、風邪もほとんどひかず、元気に過ごしています。子どもたちを見ていて、住んでいる地域で作られたものやその時期に採れるものを食べることは環境にやさしいだけでなく、季節や土地の気候に応じた身体が作られることがわかり、食事の大切さを実感しました。

私は、大人も子どもも普段の食事がしっかりしていれば、時には付き合いやお楽しみで多少羽目を外したとしても大丈夫かなと、ゆるやかに考えています。

## おわりに

　台所や身近にある素材を使った基礎化粧品を作り始めて、アイデアとひと手間だけでこんなに贅沢に肌や身体をケアできることがわかりました。また、自然素材を使ってコスメを手作りできる本はたくさんありますが、本書では我が家にあるものや身近な素材を使い、私が実際に試してみて効果があると思った作り方を厳選してご紹介しています。

　台所コスメは、自分で手作りするため中身が何でできているのかがわかります。そのときの肌の状態に合わせて、好みの素材や配合で自由に作れるということ、わざわざ買いに行かなくても家にあるもので作れることが魅力です。

　さらに、普段使わずに捨てていた部分を有効利用できれば、ゴミの減量にも節約にもつながっていくと思います。

　人の美しさは、内側からにじみ出る部分が大きいことに、あるとき気づきました。美しい表情や雰囲気は、その生き方によって備わってきたことを、周りの年輩の方たちを見ていて日々感じています。

　私も、毎日の暮らしを丁寧に紡ぐことで、素敵に歳を重ねていきたいと思っています。

　本書を、コスメに限らず手間ひまかける豊かさを感じながら、暮らしに役立ててもらえたら幸いです。

2012年5月吉日　アズマカナコ

## 参考文献

『身近な食品でできるオリジナル化粧品と家庭薬』根本幸夫（監修）同文書院
『手作りコスメで至福のエステ！』高村日和（監修）主婦の友社
『おばあちゃんからの暮らしの知恵』NPO法人 おばあちゃんの知恵袋の会（著・監修）高橋書店
『食べて治す・自分で治す大百科』長屋憲（監修）主婦の友社
『韓国美女たちの必須スキンケア　おいしい手作りフェイスパック』パク・ダヨン（著）
シンコーミュージック・エンタテイメント
『よく効く薬草風呂　アトピーから腰痛まで』池田好子（著）家の光協会
『毎日わずか10gでカラダが変わる　ショウガで治す！　やせる！』平柳要（監修）芸文社
『魔法の液体　ビネガー（お酢）278の使い方』ヴィッキー・ランスキー（著）飛鳥新社
『重曹徹底使いこなしアイデア212』　重曹暮らし研究会　双葉社
『素肌にやさしい手作り化粧品』境野米子（著）創森社
『木炭・木酢液の活用法』岸本定吉・岩垂荘二（監修）増田幹雄（著）ブティック社

撮影協力：アップル工房　井上忠弘
　　　　　手づくり工房＆cafe きりんかん　TEL&FAX 042-597-6256

## 素材別さくいん

**小豆**
小豆スクラブ ………………… 25

**アロエ**
アロエ化粧水（1）（2）………… 52
アロエ美容液 ………………… 64
アロエヘアローション ………… 99

**片栗粉**
片栗粉ドライシャンプー ……… 91
片栗粉消臭パウダー ………… 117

**きな粉**
きな粉スクラブ ……………… 26

**キャベツ**
キャベツパック ……………… 37

**きゅうり**
きゅうり化粧水 ……………… 57

**黒糖**
黒糖スクラブ ………………… 23
黒糖パック …………………… 32
黒糖ヘアパック ……………… 96
黒糖ボディスクラブ ………… 105

**ごぼう**
ごぼうパック ………………… 35

**ごま油**
ごま油クレンジング …………… 8
ごま油パック ………………… 41
シンプル乳液 ………………… 60
植物性乳化ワックスの乳液 …… 62
ごま油ボディオイル ………… 110

**米**
米のとぎ汁洗顔 ……………… 19
米ぬか洗顔 …………………… 20
米ぬかスクラブ ……………… 24
米のとぎ汁＆麺のゆで汁シャンプー 88
米ぬかボディケア …………… 107

**昆布**
昆布パック …………………… 36

**酒粕**
酒粕パック …………………… 45

**椎茸**
椎茸風呂 ……………………… 82

**塩**
塩洗顔 ………………………… 14
塩スクラブ …………………… 26
塩風呂 ………………………… 73
塩シャンプー ………………… 89
塩ボディスクラブ …………… 105

**塩こうじ**
塩こうじパック ……………… 44

**しそ**
しそ風呂 ……………………… 78

**じゃがいも**
じゃがいもパック …………… 38

**重曹**
重曹クレンジング …………… 11
重曹洗顔 ……………………… 16
重曹スクラブ ………………… 23
重曹風呂 ……………………… 74
重曹バスボム ………………… 75
重曹シャンプー ……………… 90
重曹ボディスクラブ ………… 104
重曹制汗パウダー …………… 117
重曹歯磨き ………………… 120
重曹マウスウォッシュ ……… 120

**春菊**
春菊風呂 ……………………… 83

**しょうが**
しょうが風呂 ………………… 70
しょうがヘアトニック ………… 98
しょうが消臭スプレー ……… 114

焼酎
　焼酎マウスウォッシュ ……………… 122
　焼酎の虫除けスプレー ……………… 129

酢
　酢洗顔 ……………………………………… 15
　酢風呂 ……………………………………… 76
　酢リンス …………………………………… 92
　酢消臭スプレー ……………………… 115
　酢のうがい液 ………………………… 123
　酢の虫除けスプレー ………………… 128

すいか
　すいかパック …………………………… 43

ゼラチン
　ゼラチンヘアジェル …………………… 97

大根
　大根化粧水 ……………………………… 57
　大根の葉風呂 …………………………… 77

大豆
　大豆の煮汁シャンプー ………………… 86

卵
　卵白洗顔 ………………………………… 17
　卵黄パック ……………………………… 34
　卵の薄皮化粧水 ………………………… 51

玉ねぎ
　玉ねぎパック …………………………… 38
　玉ねぎの皮化粧水 ……………………… 58

どくだみ
　どくだみ風呂 …………………………… 84

ナス
　ナスの歯磨き ………………………… 118

にがり
　にがり化粧水 …………………………… 55

日本酒
　日本酒化粧水 …………………………… 55
　日本酒風呂 ……………………………… 73

にんじん
　にんじんパック ………………………… 35

ハーブ
　ハーブ風呂 ……………………………… 80

パセリ
　パセリパック …………………………… 40

はちみつ
　はちみつクレンジング ………………… 10
　はちみつ洗顔 …………………………… 18
　はちみつパック ………………………… 30
　はちみつヘアパック …………………… 95
　はちみつリップケア ………………… 124

ぶどう
　ぶどうパック …………………………… 31

ブロッコリー
　ブロッコリーパック …………………… 37

へちま
　へちま化粧水 …………………………… 48
　へちまたわし ………………………… 108

ほうれん草
　ほうれん草パック ……………………… 39
　ほうれん草のゆで汁リンス ………… 94

みかん
　みかんの皮スクラブ …………………… 27
　みかんとみかんの皮パック …………… 33
　みかんの皮風呂 ………………………… 79
　みかんの皮ヘアローション …………… 99
　みかんの皮ボディマッサージ ……… 102
　みかんの皮蚊取り線香 ……………… 130

みつろう
　みつろうクリーム ……………………… 67
　みつろうリップクリーム …………… 125
　かゆみ止めクリーム ………………… 132

みょうばん
　みょうばん消臭スプレー …………… 112

木酢液
　木酢液（竹酢液）化粧水 ……………… 56

木酢液の虫除けスプレー……… 126

## ゆず
ゆずの種化粧水……………… 50
レモン（ゆず）はちみつ美容液…… 65
ゆずの種美容液……………… 66
ゆずの皮風呂………………… 79
レモン（ゆず）ボディマッサージ … 100

## ヨーグルト
ヨーグルトパック…………… 42

## よもぎ
よもぎ風呂…………………… 84

## 緑茶
緑茶洗顔……………………… 12
緑茶スクラブ………………… 24
緑（抹茶）パック…………… 28
緑茶化粧水…………………… 54
緑茶風呂……………………… 72
緑茶リンス…………………… 93
緑茶ボディスクラブ………… 106
緑茶消臭スプレー…………… 116
緑茶歯磨き・マウスウォッシュ … 121

## りんご
りんごパック………………… 31
りんごの皮化粧水…………… 59
りんごの皮ボディマッサージ … 103

## レモン
レモン（ゆず）はちみつ美容液…… 65
レモン（ゆず）ボディマッサージ … 100

## ワセリン
ワセリンクリーム…………… 68

# 効果別さくいん

## フェイス

### アンチエイジング
ごま油パック………………… 41
ヨーグルトパック…………… 42

### 角質ケア
重曹洗顔……………………… 16
黒糖、重曹スクラブ………… 23
米ぬか、緑茶スクラブ……… 24
小豆スクラブ………………… 25
塩、きな粉スクラブ………… 26
みかんの皮スクラブ………… 27
りんごパック………………… 31

ぶどうパック………………… 31
黒糖パック…………………… 32
みかんとみかんの皮パック—みかんの皮
……………………………… 33

### 風邪予防
酢のうがい液………………… 123

### かゆみ
木酢液（竹酢液）化粧水…… 56

### 傷のケア
はちみつリップケア………… 124

### 傷の保護
ワセリンクリーム…………… 68

### くすみ
ごま油クレンジング………… 8
緑茶洗顔……………………… 12
りんごパック………………… 31
にんじんパック……………… 35
昆布パック…………………… 36
ゆずの種化粧水……………… 50
ゆずの種美容液……………… 66

### 唇の保護
みつろうリップクリーム…… 125

### 唇を柔らかくする
はちみつリップケア………… 124
みつろうリップクリーム…… 125

### 毛穴ケア
重曹洗顔 …… 16
卵白洗顔 …… 17
黒糖、重曹スクラブ …… 23
米ぬか、緑茶スクラブ …… 24
小豆スクラブ …… 25
塩、きな粉スクラブ …… 26
みかんの皮スクラブ …… 27
黒糖パック …… 32
みかんとみかんの皮パック―みかんの皮 …… 33
りんごの皮化粧水 …… 59

### 毛穴の汚れ
ごま油クレンジング …… 8
重曹クレンジング …… 11
りんごパック …… 31

### 抗菌
みつろうクリーム …… 67
重曹歯磨き …… 120

### 口臭予防
重曹マウスウォッシュ …… 120
緑茶歯磨き・マウスウォッシュ …… 121
焼酎マウスウォッシュ …… 122
酢のうがい液 …… 123

### 口内炎
ナスの歯磨き …… 118

### 殺菌、殺菌（ニキビ予防）
はちみつクレンジング …… 10
塩洗顔 …… 14
酢洗顔 …… 15
卵白洗顔 …… 17
はちみつ洗顔 …… 18
緑茶（抹茶）パック …… 28
はちみつパック …… 30
ごぼうパック …… 35
玉ねぎパック …… 38
塩こうじパック …… 44
アロエ化粧水（1）（2） …… 52
緑茶化粧水 …… 54
木酢液（竹酢液）化粧水 …… 56
大根化粧水 …… 57
玉ねぎの皮化粧水 …… 58
アロエ美容液 …… 64
緑茶歯磨き・マウスウォッシュ …… 121
焼酎マウスウォッシュ …… 122
酢のうがい液 …… 123

### 歯槽膿漏
ナスの歯磨き …… 118

### シミ
緑茶洗顔 …… 12
米のとぎ汁洗顔 …… 19
緑茶（抹茶）パック …… 28
りんごパック …… 31
みかんとみかんの皮パック―みかん …… 33
ブロッコリーパック …… 37
じゃがいもパック …… 38

### （続き）
パセリパック …… 40
ゆずの種化粧水 …… 50
卵の薄皮化粧水 …… 51
アロエ化粧水（1）（2） …… 52
ゆずの種美容液 …… 66

### 消炎（ニキビケア）
ごぼうパック …… 35
キャベツパック …… 37
アロエ化粧水（1）（2） …… 52
大根化粧水 …… 57
きゅうり化粧水 …… 57
りんごの皮化粧水 …… 59

### しわ
米のとぎ汁洗顔 …… 19
りんごパック …… 31
卵黄パック …… 34
ゆずの種化粧水 …… 50
ゆずの種美容液 …… 66

### そばかす
みかんとみかんの皮パック―みかん …… 33
ブロッコリーパック …… 37
じゃがいもパック …… 38

### たるみ
卵の薄皮化粧水 …… 51

### のどの痛み
酢のうがい液 …… 123

## 歯茎の引き締め
ナスの歯磨き……………… 118

## 肌荒れ
ぶどうパック……………… 31
ほうれん草パック………… 39
塩こうじパック…………… 44
にがり化粧水……………… 55
玉ねぎの皮化粧水………… 58
りんごの皮化粧水………… 59
アロエ美容液……………… 64
レモン（ゆず）はちみつ美容液 … 65

## 肌トラブル全般
酒粕パック………………… 45
アロエ化粧水（1）（2）…… 52

## 肌のキメを整える
日本酒化粧水……………… 55

## 肌の修復
アロエ美容液……………… 64
ゆずの種美容液…………… 66

## 肌のpHバランスを整える
酢洗顔……………………… 15

## 肌の引き締め
塩洗顔……………………… 14

## 肌の保護
みつろうクリーム………… 67

## 肌を柔軟にする
みつろうクリーム………… 67

## 歯の痛み
ナスの歯磨き……………… 118

## 歯の洗浄
重曹歯磨き………………… 120

## 皮脂ケア
重曹洗顔…………………… 16
卵白洗顔…………………… 17
黒糖、重曹スクラブ……… 23
米ぬか、緑茶スクラブ…… 24
小豆スクラブ……………… 25
塩、きな粉スクラブ……… 26
みかんの皮スクラブ……… 27
昆布パック………………… 36
玉ねぎパック……………… 38
塩こうじパック…………… 44
大根化粧水………………… 57

## 美白
緑茶洗顔…………………… 12
米ぬか洗顔………………… 20
緑茶（抹茶）パック……… 28
ぶどうパック……………… 31
みかんとみかんの皮パック—みかん 33
にんじんパック…………… 35
キャベツパック…………… 37
ブロッコリーパック……… 37

じゃがいもパック………… 38
ほうれん草パック………… 39
パセリパック……………… 40
ヨーグルトパック………… 42
酒粕パック………………… 45
緑茶化粧水………………… 54
日本酒化粧水……………… 55
きゅうり化粧水…………… 57
玉ねぎの皮化粧水………… 58
レモン（ゆず）はちみつ美容液 … 65

## 美肌
卵黄パック………………… 34

## 皮膚細胞の再生
パセリパック……………… 40
へちま化粧水……………… 48
アロエ化粧水（1）（2）…… 52
木酢液（竹酢液）化粧水… 56

## 日焼けケア
ごぼうパック……………… 35
昆布パック………………… 36
じゃがいもパック………… 38
すいかパック……………… 43
へちま化粧水……………… 48
緑茶化粧水………………… 54
きゅうり化粧水…………… 57

## 保湿
はちみつクレンジング…… 10
卵白洗顔…………………… 17

はちみつ洗顔 …………………… 18
米のとぎ汁洗顔 ………………… 19
米ぬか洗顔 ……………………… 20
はちみつパック ………………… 30
黒糖パック ……………………… 32
みかんとみかんの皮パック―みかんの皮
………………………………………… 33
卵黄パック ……………………… 34
にんじんパック ………………… 35
ごま油パック …………………… 41
ヨーグルトパック ……………… 42
すいかパック …………………… 43
酒粕パック ……………………… 45
へちま化粧水 …………………… 48
ゆずの種化粧水 ………………… 50
卵の薄皮化粧水 ………………… 51
アロエ化粧水（1）（2） ……… 52
日本酒化粧水 …………………… 55
にがり化粧水 …………………… 55
シンプル乳液 …………………… 60
植物性乳化ワックスの乳液 …… 62
アロエ美容液 …………………… 64
レモン（ゆず）はちみつ美容液 … 65
ゆずの種美容液 ………………… 66
みつろうクリーム ……………… 67
ワセリンクリーム ……………… 68
はちみつリップケア …………… 124
みつろうリップクリーム ……… 125

### 虫歯予防
緑茶歯磨き・マウスウォッシュ …… 121

リフレッシュ
重曹マウスウォッシュ ………… 120
焼酎マウスウォッシュ ………… 122

## ボディetc.

### あせも
緑茶風呂 ………………………… 72

### アトピー性皮膚炎
しそ風呂 ………………………… 78

### アルカリ成分の中和
酢リンス ………………………… 92

### アレルギーの緩和
ハーブ風呂―レモンバーム …… 80

### 安眠
ハーブ風呂―ラベンダー、カモミール、
レモンバーム …………………… 80
春菊風呂 ………………………… 83

### 育毛・養毛
みかんの皮ヘアローション …… 99
アロエヘアローション ………… 99

### 外傷
ハーブ風呂―レモンバーム …… 80

### 角質ケア
重曹風呂 ………………………… 74

黒糖ボディスクラブ …………… 105
塩ボディスクラブ ……………… 105

### 角質除去
みかんの皮ボディマッサージ … 102
りんごの皮ボディマッサージ … 103
重曹ボディスクラブ …………… 104

### かさつき
レモン（ゆず）ボディマッサージ … 100

### 髪の傷み補修
はちみつヘアパック …………… 95
黒糖ヘアパック ………………… 96

### 髪のツヤ
米のとぎ汁＆麺のゆで汁シャンプー 88
ほうれん草のゆで汁リンス …… 94
はちみつヘアパック …………… 95
黒糖ヘアパック ………………… 96
ゼラチンヘアジェル …………… 97

### 髪を明るくする
はちみつヘアパック …………… 95

### 髪をまとめる
ゼラチンヘアジェル …………… 97

### かゆみ
酢風呂 …………………………… 76
塩シャンプー …………………… 89
酢リンス ………………………… 92

しょうがヘアトニック ………… 98
アロエヘアローション ………… 99
かゆみ止めクリーム ………… 132

くすみ
りんごの皮ボディマッサージ …… 103

黒ずみ
レモン（ゆず）ボディマッサージ … 100

毛穴ケア
黒糖ボディスクラブ ………… 105

血行促進
重曹バスボム ………… 75
ハーブ風呂—ミント ………… 80

抗菌
酢消臭スプレー ………… 115

殺菌
しょうが風呂 ………… 70
緑茶風呂 ………… 72
塩風呂 ………… 73
酢風呂 ………… 76
しそ風呂 ………… 78
ハーブ風呂—タイム ………… 80
どくだみ風呂 ………… 84
緑茶リンス ………… 93
しょうがヘアトニック ………… 98
塩ボディスクラブ ………… 105
緑茶ボディスクラブ ………… 106

みょうばん消臭スプレー ………… 112
しょうが消臭スプレー ………… 114
緑茶消臭スプレー ………… 116
重曹制汗パウダー ………… 117
片栗粉消臭パウダー ………… 117

消臭
緑茶風呂 ………… 72
重曹風呂 ………… 74
ハーブ風呂—ローズマリー、タイム … 80
塩シャンプー ………… 89
重曹シャンプー ………… 90
片栗粉ドライシャンプー ………… 91
しょうがヘアトニック ………… 98
緑茶ボディスクラブ ………… 106
みょうばん消臭スプレー ………… 112
しょうが消臭スプレー ………… 114
酢消臭スプレー ………… 115
緑茶消臭スプレー ………… 116
重曹制汗パウダー ………… 117
片栗粉消臭パウダー ………… 117

神経痛
大根の葉風呂 ………… 77
春菊風呂 ………… 83

制汗
みょうばん消臭スプレー ………… 112
重曹制汗パウダー ………… 117
片栗粉消臭パウダー ………… 117

抜け毛予防
しょうがヘアトニック ………… 98
みかんの皮ヘアローション ………… 99

発汗
塩風呂 ………… 73
塩ボディスクラブ ………… 105

肌トラブル全般
ハーブ風呂—カモミール ………… 80
よもぎ風呂 ………… 84
どくだみ風呂 ………… 84

肌のざらつき
みかんの皮ボディマッサージ ………… 102

肌の清浄
重曹バスボム ………… 75

肌を柔らかくする
ごま油ボディオイル ………… 110

皮脂ケア
重曹シャンプー ………… 90
片栗粉ドライシャンプー ………… 91
緑茶リンス ………… 93
ほうれん草のゆで汁リンス ………… 94

美白
緑茶ボディスクラブ ………… 106

## 美肌
しょうが風呂 …………………… 70
緑茶風呂 ………………………… 72
塩風呂 …………………………… 73
日本酒風呂 ……………………… 73
重曹風呂 ………………………… 74
酢風呂 …………………………… 76
しそ風呂 ………………………… 78
みかんの皮風呂 ………………… 79
ゆずの皮風呂 …………………… 79
ハーブ風呂—ローズマリー …… 80
春菊風呂 ………………………… 83
よもぎ風呂 ……………………… 84
どくだみ風呂 …………………… 84
米ぬかボディケア ……………… 107
ごま油ボディオイル …………… 110

## 美髪
大豆の煮汁シャンプー ………… 86
米のとぎ汁＆麺のゆで汁シャンプー 88
塩シャンプー …………………… 89

## 皮膚疾患
椎茸風呂 ………………………… 82

## 日焼けケア
緑茶風呂 ………………………… 72

## 疲労回復
重曹バスボム …………………… 75
酢風呂 …………………………… 76
ハーブ風呂—ラベンダー、ローズマリー、
ミント、タイム ………………… 80

## フケ予防
大豆の煮汁シャンプー ………… 86
塩シャンプー …………………… 89
重曹シャンプー ………………… 90
ほうれん草のゆで汁リンス …… 94
しょうがヘアトニック ………… 98
アロエヘアローション ………… 99

## 婦人病
大根の葉風呂 …………………… 77

## 保温
しょうが風呂 …………………… 70
日本酒風呂 ……………………… 73
大根の葉風呂 …………………… 77
しそ風呂 ………………………… 78
みかんの皮風呂 ………………… 79
ゆずの皮風呂 …………………… 79
ハーブ風呂—ミント …………… 80
椎茸風呂 ………………………… 82
春菊風呂 ………………………… 83
よもぎ風呂 ……………………… 84

## 保湿
日本酒風呂 ……………………… 73
ハーブ風呂—カモミール ……… 80
大豆の煮汁シャンプー ………… 86
米のとぎ汁＆麺のゆで汁シャンプー 88
黒糖ボディスクラブ …………… 105
米ぬかボディケア ……………… 107
ごま油ボディオイル …………… 110

## むくみ
しょうが風呂 …………………… 70

## 虫除け
木酢液の虫除けスプレー ……… 126
酢の虫除けスプレー …………… 128
焼酎の虫除けスプレー ………… 129
みかんの皮蚊取り線香 ………… 130

## リラックス
みかんの皮風呂 ………………… 79
ゆずの皮風呂 …………………… 79
よもぎ風呂 ……………………… 84

著者紹介

アズマカナコ

1979年生まれ。東京農業大学卒。
ひと昔前の暮らし方を取り入れて、一般家庭での環境負荷の少ない暮らし方を追求している。冷蔵庫、携帯電話、車やエアコンを持たずに暮らしている。現在、4人家族でひと月の電気代は500円程度。
著書『捨てない贅沢　東京の里山発　暮らしレシピ』(けやき出版)、『布おむつで育ててみよう』(文芸社)、『かわいいマスクがいっぱい！　かんたん手づくりマスク』(小学館)
ブログ：エコを意識しながら丁寧に暮らす
http://blog.goo.ne.jp/kana-nozo

# 台所コスメ
―捨てない贅沢2

2012年7月5日　第1刷発行

著　者　アズマカナコ
発行者　清水定
発行所　株式会社けやき出版
　　　　〒190-0023　東京都立川市柴崎町3-9-6
　　　　TEL042-525-9909
　　　　FAX042-524-7736
　　　　http://www.keyaki-s.co.jp

写　真　アズマカナコ
印刷所　株式会社サンニチ印刷

ISBN978-4-87751-471-6 C2077
©kanako azuma 2012 Printed in Japan